MediBang Paint タブレット編
iOS & Android版対応
公式ガイドブック

シュウ・ナツオカ

イラスト：モレシャン / マンガ：唐牧 輝
監修：株式会社MediBang

商標
・Google および Google ロゴ、Android および Android ロゴ、Google Play は、Google Inc. の商標または登録商標です。
・Apple、iPad、iPhone は、米国および他の国々で登録された Apple Inc. の商標です。
・その他、本書に記載されている社名、商品名、製品名、ブランド名、システム名などは、一般に商標または登録商標で、それぞれ帰属者の所有物です。
・本文中には、©、®、™ は明記していません。

・ はじめに ・

　本書は、タブレットで利用できる無償のペイントアプリ「MediBnag Paint」の全メニューと、このアプリを使ったイラストとマンガの制作手順をやさしく解説した公式ガイドブックです。

　筆者は昨年、『MediBnag Paint公式ガイドブック』を著しました。この本がパソコンソフト「MediBnag Paint Pro」の解説を中心に、クラウドサービス、ウェブサービスなど株式会社MediBangが提供するクリエイター向けサービスを網羅的に紹介、詳述したものだったのに対し、本書はタブレット版「MediBnag Paint」に的を絞り、おもに初心者を対象としています。前作同様、株式会社MediBangに監修を仰ぎ、「公式」と銘打ちました。

　パソコン版「MediBnag Paint Pro」は、いまや高機能ペイントツールの定番へと成長しましたが、タブレット版「MediBnag Paint」も「Pro」とほぼ同等の機能を備えています。マンガ、イラストの公開サービス「MediBang!」との連携もスムーズで、スタイラスペンやクラウドサービスと組み合わせて使えば、これだけでイラストやマンガを描き、公開するのに必要十分なツールだと言えるでしょう。

　また、「MediBnag Paint」をベースに独自のチューニングを加えた「ジャンプPAINT」は、集英社「ジャンプ」の公式ペイントツールで、同社が主催するマンガ投稿サービス「ジャンプルーキー！」に簡単に投稿することもできます。本書では、紙幅の許す限り「ジャンプPAINT」についても触れています。

　なお、イラスト編についてはプロ・イラストレーターのモレシャンさん、マンガ編については井上アート事務所所属でプロ・マンガ家として活動された経験のある唐牧輝さんによる詳細な制作メモをベースに、原稿をまとめました。プロの貴重なノウハウを公開していただいたお二人に、この場を借りて御礼申し上げます。

2018年11月　シュウ・ナツオカ

Contents

はじめに …………………………………… 003

データのダウンロードについて ………… 006

基本編

CHAPTER 01	**MediBang Paintとは** …………… 008
CHAPTER 02	インストールとアカウント登録 …… 010
CHAPTER 03	ホーム画面の構成 ………………… 014
CHAPTER 04	キャンバス画面とメインメニュー …… 017
CHAPTER 05	新規作成から作品公開まで ………… 026

イラスト編

CHAPTER 01	ラフ作成 ………………………… 034
CHAPTER 02	キャラクター線画 ………………… 041
CHAPTER 03	キャラクター線画 その2 ………… 058
CHAPTER 04	背景線画 ………………………… 063
CHAPTER 05	キャラクター着彩 ………………… 069
CHAPTER 06	背景オブジェクト着彩 …………… 078
CHAPTER 07	キャラクター加筆仕上げ ………… 094
CHAPTER 08	エフェクト追加と仕上げ ………… 104

マンガ編

CHAPTER 01	チーム作成	110
CHAPTER 02	キャンバス作成	112
CHAPTER 03	ラフ（ネーム）	113
CHAPTER 04	下書き	116
CHAPTER 05	コマ割り	119
CHAPTER 06	吹き出し	125
CHAPTER 07	セリフ	126
CHAPTER 08	ペン入れ	130
CHAPTER 09	スミ（ベタ）入れ	134
CHAPTER 10	スクリーントーンと仕上げ	136

Reference

01	メニュー表示機能	019	15	定規メニュー	048
02	手のひらツール	020	16	移動ツール	049
03	取り消し／やり直し	020	17	選択範囲メニュー	055
04	筆圧感知設定	025	18	図形描画ツール	059
05	ブラシツール	035	19	塗りつぶしツール	061
06	太さ調整メニュー／不透明度メニュー	037	20	編集メニュー	066
07	消しゴムツール	037	21	カラーメニュー／スポイトツール	071
08	レイヤーメニュー	039	22	バケツツール	072
09	選択ツール	043	23	グラデーションツール	087
10	自動選択ツール	044	24	ドットツール	103
11	選択ペンツール	044	25	コマ割りツール／操作ツール	121
12	選択消しゴムツール	045	26	テキストツール	127
13	表示メニュー	045	27	素材メニュー	137
14	変形ツール	047			

Column

指を使ったキャンバスコントロール	020
スタイラスペンの接続	025
レイヤーとは	068
Retina 表示とドット	103
アノテーションの操作	107
クラウドによる共同作業	118
進化する MediBang Paint	124
HSV と色の話	129
図形、アイテムとラスタライズ	141

索引 / リファレンス索引 …………… 142

データのダウンロードについて

本書のダウンロードデータと書籍情報について

※本書「イラスト編」に掲載したイラストレーション作品（モレシャン作）の mdp 形式（MediBang Paint のネイティブ形式）のデータ（以下「本データ」と言います）が、ボーンデジタルのウェブサイトの本書の書籍ページ、または書籍のサポートページからダウンロードいただけます。

http://www.borndigital.co.jp/book/

※本データは、各 OS 版の MediBang Paint および MediBang Paint Pro で開くことができます。
※本書のウェブページでは、発売日以降に判明した正誤情報やその他の更新情報を掲載しています。本書に関するお問い合わせの際は、一度当ページをご確認ください。

本データの使用許諾範囲と免責事項

※本データは本書の内容を理解するための学習用途にのみ利用できるものとし、下記の事項に該当する利用はできません。
　・本データの全部または一部（利用者が改変、加工したものも含みます）を譲渡・貸与・販売・配布すること
　・本データを他のメディア（DVD-ROM、CD-ROM、メモリカードなど）に複製すること
　・本データを本書の購入者以外が利用可能な状態にすること
　・本データをインターネットなどの回線を通じて配信したりダウンロードさせたりすること（これらが可能な状態にすることも含みます）
　・本データに関して著作権登録、意匠登録、商標登録など知的財産権の登録を行うこと
　・本データを商用利用（有償、無償を問いません）に供すること

※本データの利用は自己責任でお願いいたします。ボーンデジタルならびに著作権者、制作者、販売者その他関係者は、利用に際して発生したいかなる損害や請求に関して一切の責を負いません。

始めるための
基礎知識だよ！

基本編

MediBnag Paintを始めるための準備と、このアプリでできることをまとめました。準備が済んだら、作品の新規作成から公開までの流れを、大まかに理解しましょう。

※基本編の説明は以下のバージョンを用いています。
・iPad版MediBang Paint：Version14.1
・iPhone版MediBang Paint：Version15.1
・Android版MediBang Paint：Version15.0.2
・iOS版ジャンプPAINT：Version3.0.2
・Android版ジャンプPAINT：Version3.0.2

CHAPTER 01
MediBang Paintとは …………… 008

CHAPTER 02
インストールとアカウント登録 ……… 010

CHAPTER 03
ホーム画面の構成 …………… 014

CHAPTER 04
キャンバス画面とメインメニュー …… 017

CHAPTER 05
新規作成から作品公開まで ………… 026

基本編 CHAPTER

01 MediBang Paintとは

MediBang Paintシリーズは、株式会社メディバン（以下、メディバン）が提供する無料のイラスト＆マンガ制作ツールです。PC、タブレット、スマートフォンの複数のOSに対応し、メディバンが提供するクラウドサービスとも簡単に連携できます。ここでは、アプリの種類にどんなものがあるかを見ていきます。

「MediBang Paint」と「ジャンプPAINT」

MediBang Paintシリーズには、WindowsPC・Mac向けソフト「MediBang Paint Pro」と、タブレット・スマートフォン向けアプリ「MediBang Paint」があります。

本書で取り上げるMediBang Paintアプリは、iOS、Androidに対応しています。なおiOS版は、iPhone向け、iPad向けの2種類が提供されているので、インストールする際に注意してください（Android版は1種類です）。

「ジャンプPAINT」は集英社が発行する「ジャンプ」の公式マンガ制作アプリです。MediBang Paintがベースで、集英社がリリースしています。

作画の基本操作はMediBang Paintと共通ですが、ジャンプのオリジナル素材が使えたり、集英社が提供するマンガ投稿サービス「ジャンプルーキー！」へ投稿できるなど独自の機能があります。このアプリにもiOS版とAndroid版があります。iOS版はiPhone向けとiPad向けは同じソフトですが、iPhoneとiPadでは見かけが異なります。

MediBang PaintもジャンプPAINTも、メディバンのクラウドサービスと連携していて、両方のアプリから同じクラウド環境にアクセスできます。

MediBang Paint

iPad版のApp Store画面（左）とアプリのホーム画面（右）。
※対応：iPad

MediBang Paintとは

iPhone版のApp Store画面（左）とアプリのホーム画面（右）。

※対応：iPhone

Andorid版のGoogle Playストア画面（左）とアプリのホーム画面（右）。

※対応：Android

ジャンプPAINT

iPadの場合のApp Store画面（左上）とアプリのホーム画面（右上）、およびiPhoneの場合のApp Store画面（左下）とアプリのホーム画面（右上下）。

※対応：iPad、iPhone

Andorid版のGoogle Playストア画面（左）とアプリのホーム画面（右）。

※対応：Android

基本編 CHAPTER 02

インストールと
アカウント登録

MediBang Paint、ジャンプPAINTをインストールして、アプリからアカウントを作成する手順を説明します。アカウントはメディバンが提供するウェブサービス「MediBang!」からでも作成でき、MediBang!、MediBang Paint、ジャンプPAINTで共通して使えます。

iPad版 MediBang Paint

① iPadでApp Storeを開いて検索窓に「MediBang」または「メディバン」と入力すると、メディバンが提供するアプリがアシスト表示されます。一覧から「メディバンペイント」または「medibanpaint」を選択すると、メディバンの提供するアプリを見つけられます。

② 検索結果から「メディバンペイント for iPad」を選んで「入手」をタップし、画面表示にしたがってアプリをインストールします。この際、iPhone用の「メディバンペイント」と間違わないようにApp Storeのフィルタを「iPadのみ」にしておきましょう。

③ インストールが完了すると「入手」表示が「開く」に変わります。「開く」をタップするとアプリが起動し、トップ画面（上図）が表示されます。また、インストール後にホーム画面上に現れた「MediBang Paint」アイコン（注：iPhone用アプリはアイコン名が「MediBang」）をタップしてもアプリが開けます。

④ 起動画面の左上にあるメニューアイコン（いわゆるハンバーガーアイコン）をタップするとMediBang Paintのメニューが表示されます。「ログイン」をタップして次の画面に進みます。なお、メニューを開いた状態から元のトップ画面に戻るには、「ホーム」をタップします。

インストールとアカウント登録

⑤ メディバンのアカウントを持っていない場合は「アカウントを新規作成する」をタップしてアカウントを作成します。すでに持っている場合は「ログイン」をタップして⑩のログイン画面に進んでください。

⑥ アカウント作成画面でニックネーム（全半角32文字以内）、メールアドレス、パスワード（半角英数字のみ、6〜32文字）を入力し、利用規約の同意にチェックを入れて「新規登録」をタップします。

⑦ 登録したメールアドレスに、「【MediBang!】登録完了・メールアドレス確認のご案内」という表題の確認メールが送信されます。

⑧ 差出人名は「noreply@medibang.com」です。受け取れるようにしてください。確認メールを開くと本文中にリンクが貼られているので、タップして認証します。

⑨ ブラウザで認証ページが表示されたら、アカウント作成は完了です。MediBang Paintで作成したアカウントで、MediBang!、ジャンプPAINT、マンガネーム、メディバンぬりえの全機能も使えるようになります。

⑩ MediBang Paintアプリに戻って⑤の画面まで進み、「ログイン」をタップします。ログイン画面が表示されるので、メールアドレスとパスワードを入力して「ログイン」をタップするとログインできます。

11

POINT　SNSを使ったアカウント作成

① SNSアカウントなどを使ってもMediBangアカウントが作れます。Twitter、Google以外を利用する場合は、「他のSNSを利用する」をタップします。

②a 「Twitterで登録」をタップすると、Twitterとの連携画面に遷移します。ユーザー名とパスワードを入力し、「連携アプリを認証」をタップして進めます。

②b Googleで登録する場合は図の画面が表示されるので、「続ける」をタップします。「アカウントの選択」画面に進むので、画面の指示に従って進めます。

②c Yahoo! JAPAN IDで登録する場合も、画面の指示に従ってID、携帯電話番号、メールアドレスのいずれかとパスワードを入力します。

②d Facebookアカウントを使う場合も同じです。メールアドレスまたは電話番号とパスワードを入力して「ログイン」をタップし、画面の指示に従います。

③ 各SNS上での手続きが終わると上の画面に戻ります。ニックネームを入力し、利用規約の同意にチェックを入れて「登録」をタップします。

インストールとアカウント登録

Android版 MediBang Paint

Android版のGooglePlayストア画面（左）とアプリのメニュー画面（右）

① Google Playストアの検索窓に、「MediBang」あるいは「メディバン」と入力すると、メディバンが提供するアプリが表示されます。アプリの一覧から「メディバンペイント」を選んで「インストール」をタップし、ストアのダイアログにしたがってインストールを実行します。

② アカウント作成の手順はiPad版とほぼ同じです。ホーム画面からメニューを開き、「ログイン」をタップして次の画面に進みます。「アカウントを新規作成する」をタップしてアカウントを作成します。MediBnagアカウントをすでに持っている場合は「ログイン」をタップして、ログイン画面に進んでください。

iPad版 ジャンプPAINT

① App Storeをの検索窓に「ジャンプペイント」または「ジャンプPAINT」と入力し、アプリを探します。インストール手順はMediBang Paintと同じです。

② アプリのメニュー構成もMediBang Paintとほぼ同じです（ただしジャンプPAINTでは「使い方動画」がホーム画面ではなく、メニューに含まれています）。

③ メニューから「ログイン」をタップしてアカウント作成画面に進みます。アカウントを新規作成する手順は、MediBang Paintと同じです。

④ すでにMediBangアカウントを持っている場合は、メールアドレスとパスワードを入力するとジャンプPAINTにログインできます。

基本編
CHAPTER

03 ホーム画面の構成

タブレットのアプリをタップして最初に表示される画面が「ホーム画面」です。ここには、作画を行うためのメニューや自分の作品を管理するメニューのほか、メディバンのウェブサイトやSNSにアクセスするためのメニューも配置されています。iPad版とAndroid版は少し構成が違うので、OS別に見ていきます。

iPad版 MediBang Paint

iPad版アプリのホーム画面。

メインメニュー

① アイコンをタップするとメインメニューが開きます。メニューを閉じるにはパネルの「ホーム」メニューまたはパネル以外の部分をタップします。「ご意見・ご要望」「ヘルプ」など、タップするとブラウザ経由でウェブサイトを呼び出すメニューも多いので、オンラインで使うことをお勧めします。

自動バックアップ設定：オンにすると、設定した時間ごとに作業内容が自動保存されます。

クラウド同期：「クラウド上の設定」は現在クラウド上に保存されている設定を、また「クラウド上のプリセット」は初期状態の設定を、それぞれタブレット版アプリに適用する機能です。いずれの場合も「追加」を選択するとタブレット版で設定した内容はそのまま保持されて、クラウドの内容がそれに追加されます。「上書き」を選択するとタブレット版の設定内容は消去され、クラウドの内容で上書きされます。MediBang Paint Proや他の端末で設定した内容を、タブレット版でも使いたいときに便利な機能です。

② 「ヘルプ」ボタンです。ブラウザが立ち上がり、

公式ウェブサイト内の使い方ページが表示されます。メインメニューの「ヘルプ」と同じです。

描いてみよう

③ 新しいキャンバスを作ります。作り方の手順はCHAPTER05を参照してください。

④ 端末内に保存した直前の作業のキャンバスが開きます。作業の続きを行う場合に選びます。

マイギャラリー

⑤ クラウド上に保存されたプロジェクトを一覧表示します。「マンガ」と「イラスト」をタブで切り替え、作業したいプロジェクトをタップして絵を選ぶとキャンバスが開きます。

⑥ 端末内に保存されたイラストのギャラリーを一覧表示します。作業したいイラストを選ぶとキャンバスが開きます。

⑦ 保存されているイラストを簡単にメディバンに投稿できます。投稿の手順はCHAPTER05を参照してください。

⑧ 作品の公開内容を設定します。設定内容の詳細はCHAPTER05を参照してください。

メディバン投稿作品

⑨ 投稿された作品が表示されます。「もっとみる」をタップすると全作品の一覧が表示されます。

公式サイト＆公式SNSアカウント

⑩ MediBang Paintを誰かに教えたいときタップします。公式ウェブサイトのURLをSNSに投稿したり、メールやメッセンジャーアプリで送信できます。

⑪ 新しい機能などのアップデート情報を表示します。内容を誰かに教えることもできます。

⑫ ブラウザが立ち上がり、公式ウェブサイト内のお問い合わせページが表示されます。

⑬ 使い方動画の一覧から見たいものを選んでタップすると、Youtubeで動画を見ることができます。動画はどんどん追加されます。Youtubeでチャンネル登録しておくことをお勧めします。

⑭ 公式SNSへのリンクです。役に立つ情報が随時投稿されるので、フォローするのをお勧めします。

Android版 MediBang Paint

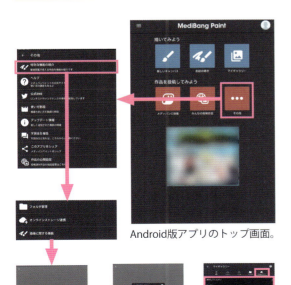

Android版アプリのトップ画面。

Android版のホーム画面はiPad版に比べてシンプルですが、「その他」のサブメニューに多くの機能が割り当てられているので、できることはiPad版とほぼ同じです。

Andorid版特有の機能としては「特別な機能の紹介」があります。このメニューをタップすると特別な機能の一覧が表示されるので、利用したい機能を選んで機能説明画面に移動します（図は「オンラインストレージ連携」を選んだ場合）。ここで「動画を見て使用する」ボタンをタップするとコマーシャル動画が流れます。

動画を最後まで視聴すると、期間限定で特別な機能が使えるようになります（図では「マイギャラリー／その他クラウド機能」）。

ジャンプPAINT

ジャンプPAINTアプリのホーム画面。図はiPad版だが、Android版もほぼ同じ。

ジャンプPAINTアプリのホーム画面では、MediBang Paintアプリとほぼ同じ操作ができますが、それに加えてジャンプPAINT特有の操作を行うことができます。ここでは、それら特有の機能を中心に解説します。

メインメニュー

① MediBang Paintではトップ画面上にあった「使い方動画」が、メニューパネルに移動しています。

マンガの練習をしよう

② プロの作品をお手本に、マンガを描く練習ができます。タップするとマンガ制作の工程ごとの教材一覧が表示されるので、練習したい教材を選んでタップします。キャンバス画面で教材が開き、直接描き込んで練習できます。ジャンプのアイコンをタップすると、ガイド画面が表示され、「見本」と「講座」を切り替えられます。

③ ジャンプ漫画賞の審査員を中心に、プロがマンガのテクニックを手ほどきしてくれます。タップすると講座一覧が表示されるので、選んでタップしてテクニックを学習してください。

作品を投稿しよう

④ 作品を簡単に「ジャンプルーキー！」に投稿できます。投稿するには、メディバンのアカウントのほかに、**ジャンプルーキー！のアカウントが必要**です。投稿の手順はCHAPTER05を参照。

⑤ ジャンプが主催するコンテストの情報が随時掲載されます。

⑥ 新しい講座の追加や編集部ブログの更新など、ジャンプからのお知らせが随時掲載されます。

ジャンプルーキー！

⑦ ジャンプルーキー！に投稿された新着作品や人気作品を見ることができます。タップすると、アプリ内でジャンプルーキー！のウェブサイトが開きます。

基本編 CHAPTER 04

キャンバス画面と
メインメニュー

キャンバス画面とメインメニュー

「キャンバス画面」は作画をする画面です。アプリの利用中は、ほとんどキャンバス画面と向き合っていることになります。作画に使うツールやメニューはキャンバスの周囲に整理して配置されているので、どこに何があるのかを覚えてしまうと、作業がはかどります。

iPad版ジャンプPAINTはMediBang Paintと同じ構成。

iPad版アプリのキャンバス画面（縦長＝ポートレイト方向）。

17

iPad版アプリのキャンバス画面（横長＝ランドスケープ画面）。
メニューの内容は同じだが、配置が若干変わっている。

絵を描く場所を「キャンバス」と言います。キャンバス画面では、以下のツールや機能が使えます。
① **メインメニュー**：このアイコンをタップするとメインメニューが表示されます。メニューの詳しい説明は、次の項で行います。
② **ツールバー**：線を引いたり色を塗ったりといった、イラストやマンガを描くのに必要なツール群です。タブレットをポートレイト方向（縦長）で使うとツールアイコンの一部しか表示されないので、左右にスワイプして表示させます。

　A）**ブラシツール**：描画を行うツール。詳細はP35の**Reference05**参照。
　B）**消しゴムツール**：描画された内容を消すツール。詳細はP37の**Reference07**参照。
　C）**図形描画ツール**：選択中のブラシで図形を描画するツール。図形の種類は6種類あります。詳細はP59の**Reference18**参照。
　D）**ドットツール**：ドット単位で描画を行うツール。詳細はP103の**Reference24**参照。ドットについてはP103のコラムも参照。
　E）**移動ツール**：選択中のレイヤーに描画されている内容を移動するツール。詳細はP49の**Reference16**参照。
　F）**変形ツール**：レイヤー内の描画部分を変形するツール。詳細はP47の**Reference14**参照。
　G）**塗りつぶしツール**：描画色で塗りつぶされた図形を作成するツール。図形の種類は3種類あります。詳細はP61の**Reference19**参照。
　H）**バケツツール**：線で囲まれた場所を塗りつぶすツール。詳細はP72の**Reference22**参照。
　I）**グラデーションツール**：直線状（線形）または同心円状（円形）にグラデーションを作るツール。詳細はP87の**Reference23**参照。
　J）**選択ツール**：図形の形に選択範囲を作成するツール。図形の種類は4種類。詳細はP43の**Reference09**参照。

K）**自動選択ツール**：線で囲まれた場所を自動選択するツール。詳細はP44のReference10参照。

L）**選択ペンツール**：ブラシツールでなぞった場所が選択範囲になるツール。詳細はP44のReference11参照。

M）**選択消しゴムツール**：選択された範囲をブラシツールでなぞり、その場所だけ選択を解除するツール。詳細はP45のReference12参照。

N）**コマ割りツール**：キャンバス内にマンガ用のコマを作成するツール。詳細はP121のReference25参照。

O）**操作ツール**：コマやアイテムの大きさや形などを操作するツール。詳細はP121のReference25参照。

P）**テキストツール**：キャンバス内にテキスト（文字）を入れるツール。詳細はP127のReference26参照。

③ **キャンバス操作メニュー**：キャンバスに描かれた図形の編集や、定規の利用、回転や反転などキャンバス関連の操作を行うメニューです。

Q）**選択範囲メニュー**：選択範囲をコントロールするためのメニューです。詳細はP55のReference17参照。

R）**編集メニュー**：キャンバスや描画の状態、動作をコントロールするメニューです。詳細はP66のReference20参照。

S）**表示メニュー**：キャンバス本来の向きは変更せず、画面上の見かけの表示だけを回転・反転させます。詳細はP45のReference13参照。

T）**定規メニュー**：線を引くときのガイド線を操作するメニューです。詳細はP48のReference15参照。

U）**筆圧感知設定**：筆圧感知モードの設定を行います。詳細はP23およびP25のReference04参照。

④ **カラーメニュー／メニュー表示機能／レイヤーメニュー／素材メニュー**：それぞれカラー（詳細はP71のReference21）、メニュー表示（詳細は下記Reference01）、レイヤー（詳細はP39のReference08）、素材（詳細はP137のReference27）を扱うためのメニューです。

⑤ **HSVバー**：選択しているツールに応じてカラー設定、ブラシの太さ、透明度などを表示します。カラーに関係ないツールの選択時には表示されません。詳細はP71のReference21参照。

⑥ **手のひらツール／スポイトツール／取り消し／やり直し**：それぞれの機能が割り付けられています。詳細はP20のReference02～03およびP71のReference21参照。

⑦ **ショートカットバー**：よく使うツールなどを自分で選んで、まとめて表示しておけます。いちばん右のドット部分をドラッグするとバー全体を好きな位置に動かせます。設定方法はP23参照。

Reference 01

メニュー表示機能

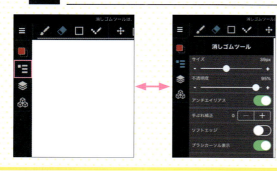

ツールバーのアイコンをタップしたあと、左図のアイコンをタップすると、選択したツールのメニュー表示のオン・オフを切り替えられます。なお、メニューが表示されているときにツールバーのアイコンを再度タップしても、表示をオフにできます。

Reference 02

 手のひらツール

手のひらツールを使うと、キャンバスそのものを移動できます。このとき、キャンバス上の図形や配置されたアイテムも、キャンバスと一緒に動きます。

Reference 03

 取り消し/やり直し

取り消し（左向きの矢印）は、直前に行った動作を取り消して前の状態に戻します。やり直し（右向きの矢印）は、「取り消し」で取り消した直前の動作をやり直します。たとえば左の画像で、①のアイテムを回転させて②の状態にしたあと、「取り消し」をタップすると③のように元の状態に戻ります。ここで「やり直し」をタップすると、取り消す前の斜めの状態②に戻ります。取り消し／やり直しは、繰り返して使えます。

① ② ③

Column

指を使ったキャンバスコントロール（マルチタッチジェスチャー設定）

指を使ってキャンバスの拡大縮小や回転を行えます。これはタブレット版（とiPhone版）に独自の機能です。iPad版MediBang Paintではキャンバス画面のメインメニューにある「マルチタッチジェスチャー設定」で指の使い方を設定できます（右図）。Android版ではメインメニューから「設定」を選び、サブツールメニューの「機能の設定」項目にある「キャンバスを指で回転する」にチェックを入れると、キャンバスの回転を行えるようになります。iPad版と異なり、拡大縮小機能はオフにできません。

キャンバス画面とメインメニュー

Android版 MediBang Paint　キャンバス画面

Android版ジャンプPAINTは
MediBang Paintと同じ構成。

Android版のキャンバス画面
（縦長＝ポートレイト方向）。

Android版のキャンバス画面（横長＝ランドスケープ方向）。メニューの内容は同じだが、配置が若干変わっている。

Android版はiPad版と比べ、メニューの配置場所と一部アイコンのデザインが異なります。

① **メインメニュー**：このアイコンをタップするとメインメニューが表示されます。メニューの詳しい説明は、次の項で行います。

② **ツールバー**：線を引いたり色を塗るためのツール群です。タブレットをポートレイト画面（縦長）で使うとツールアイコンの一部しか表示されないので、左右にスワイプして表示させます。

 A）**ブラシツール**：描画を行うツール。詳細はP35の**Reference05**参照。

 B）**消しゴムツール**：描画された内容を消すツール。詳細はP37の**Reference07**参照。

 C）**図形描画ツール**：選択中のブラシで図形を描画するツール。図形の種類は6種類あります。詳細はP59の**Reference18**参照。

 D）**移動ツール**：選択中のレイヤーに描画されている内容を移動するツール。詳細はP49の**Reference16**参照。

 E）**塗りつぶしツール**：描画色で塗りつぶされた図形を作成するツール。図形の種類は3種類あります。詳細はP61の**Reference19**参照。

 F）**バケツツール**：線で囲まれた場所を塗りつぶすツール。詳細はP72の**Reference22**参照。

 G）**グラデーションツール**：直線状（線形）または同心円状（円形）にグラデーションを作るツール。詳細はP87の**Reference23**参照。

 H）**選択ツール**：図形の形に選択範囲を作成するツール。図形の種類は4種類。詳細はP43の**Reference09**参照。

 I）**自動選択ツール**：線で囲まれた場所を自動選択するツール。詳細はP44の**Reference10**参照。

 J）**選択ペンツール**：ブラシツールでなぞった場所が選択範囲になるツール。詳細はP44の**Reference11**参照。

 K）**選択消しゴムツール**：選択された範囲をブラシツールでなぞり、なぞった場所だけ選択を解除するツール。詳細はP45の**Reference12**参照。

 L）**コマ割りツール**：キャンバス内にマンガ用のコマを作成するツール。詳細はP121の**Reference25**参照。

 M）**操作ツール**：コマやアイテムの大きさや形などを操作するツール。詳細はP121の**Reference25**参照。

 N）**テキストツール**：キャンバス内にテキスト（文字）を入れるツール。詳細はP127の**Reference26**参照。

③ **サブツールバー**：選択中のツールに応じて、詳細設定の表示と変更ができます。**定規メニュー**（P48の**Reference15**参照）もここに表示されます。設定が不要なツールでは、何も表示されません。

④ **HSVバー**：選択しているツールに応じてカラー設定、ブラシの太さ、透明度などの表示と変更ができます。カラーに関係ないツールの選択時には表示されません。バー上部の「＜」をタップすると非表示にできます。また、HSV／FAV（＝カラーパネルで登録したお気に入りの色）をタップして色表示を切り替えられます。詳細はP71の**Reference21**参照。

⑤ **スポイトツール／取り消し／やり直し**：それぞれの機能が割り付けられています。詳細はP20の**Reference03**およびP71の**Reference21**参照。

⑥ **キャンバス操作メニュー**：キャンバスに描かれた図形の編集やキャンバスそのものの操作を行うメニューです。

 O）**編集メニュー**：キャンバスや描画の状態、動作をコントロールするメニューです。詳細はP66の**Reference20**参照。

 P）**選択範囲メニュー**：選択範囲をコントロールするためのメニューです。**変形ツール**（P47の**Reference14**参照）もここにあります。詳細はP55の**Reference17**および参照。

 Q）**表示メニュー**：キャンバス本来の向きは変更せず、画面上の見かけの表示だけを回転・反転させます。詳細はP45の**Reference13**参照。

⑦ **カラーメニュー／レイヤーメニュー／素材メニュー**：それぞれ、カラー（詳細はP71の**Reference21**）、レイヤー（詳細はP39の**Reference08**）、素材（詳細はP137の**Reference27**）を扱えます。いちばん左には、選択中のツールが表示され、タップするたびに「ツールバー」「サブツールバー」の表示と非表示を切り替えます。

⑧ **ショートカットバー**：よく使うツールなどを自分で選んで、まとめて表示しておけます。いちばん右のドット部分をドラッグするとバー全体を好きな位置に動かせます。設定方法はP23参照。

キャンバス画面のメインメニュー

iPad版MediBang Paintのキャンバス画面のメインメニュー。クラウドから開いた場合（左）と端末内から開いた場合（右）。

Android版MediBang Paintのキャンバス画面のメインメニュー。端末内から開いたので「アノテーション」メニューが使えない。

iPad版とAndroid版は機能的には同等ですが、メニューの位置や階層が少し異なっています。キャンバス画面のメインメニューも含まれるものが違うので、iPad版とAndroid版に分けて説明します。ジャンプPAINTのメニュー構成は、それぞれのOSのMediBang Paintと同じです。

なお、「アノテーション」メニューは、クラウド上に保存されているものを開いた場合だけ有効になります。「新規作成」および「端末内」から開いた場合は利用できません。

iPad版

上書き保存：キャンバス上で作業したファイルを、元と同じ場所に上書き保存します。

新規保存：新規作成または新規作業したファイルを、新しいファイルとして保存します。メニューをタップすると保存先を「端末」にするか「クラウド」にするか聞いてきます。端末を選ぶと保存した日時が付されて、端末内のギャラリーにファイルが自動追加されます。クラウドを選ぶと設定画面が表示されるので保存場所、タイトル、ノート（メモ欄）を入力して完了をタップします。

ショートカット設定：タップすると操作メニューの一覧が表示されます。必要なものをオンにしてパネルを閉じると、ショートカットバーにメニューが追加されます。

筆圧感知設定：スタイラスペンを使うときに筆圧感知をオンにすると、筆圧感知モードになります。設定とペンの接続についてはP25のコラム参照。

マルチタッチジェスチャー設定：タッチする指の使い方が設定できます（P20のコラム参照）。

Retina表示を有効／無効にする：iPadで絵をRetina表示するかしないかを選べます。無効にすると端末によっては多少動作が早くなります。下図は、同じ絵を1000倍に拡大したときの有効（左）と無効（右）の画面比較です。Retina表示についてはP103のコラムも参照。

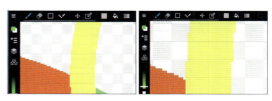

アノテーション：クラウド上に保存されている絵にコメントを付けて、ネットワーク経由で共有する機能です。操作の仕方はP107のコラム参照。

png/jpg形式でエクスポート：制作した絵をJPEG、PNG、PNG（透過）のいずれかの形式で書き出します。形式を選択し、タブレット所定の方式にしたがって保存・共有します。

ヒントを再表示：マスクレイヤーやステンシルレイヤーなどの作成時に「次回から表示しない」を選んで非表示にしたヒントを、再表示できます。

キャンバスを閉じる：キャンバスを閉じてトップ

画面に戻ります。保存していない場合は保存するかどうかを聞いてきます。保存しないで閉じると作業内容が消えてしまうので注意してください。

Android版

保存：キャンバス上で作業したファイルを、元と同じ場所に上書き保存します。

新規保存：新規作成または新規作業したファイルを、新しいファイルとして保存します。操作手順はiPad版と同じです。

png/jpg形式でエクスポート：制作した絵をJPEG、PNG、PNG（透過）のいずれかの形式で書き出します。形式を選択し、タブレット所定の方式にしたがって保存・共有します。

設定：iPad版でメインメニューに割り当てられていた機能の多くが、Android版では「設定」のサブメニューに割り当てられています（右図）。サブメニューでは、「機能の設定」「表示の設定」「ショートカットキーの設定」が行えます。

ヘルプ：「ヘルプ」メニューです。端末内のガイドコンテンツ、公式ウェブサイトのヘルプページ、Youtubeの使い方動画などにアクセスできます。

同期する：現在クラウド上に保存されている「ブラシ」「パレット」「素材」設定を、タブレット版アプリに適用します。いずれの場合も「完全同期」にチェックを入れると、タブレット版の設定内容は消去され、クラウドの内容で上書きされます。チェックをはずして同期すると、タブレット版で設定した内容はそのまま保持されて、クラウドの内容がそれに追加されます。

アノテーション：クラウド上に保存されている絵にコメントを付けて、ネットワーク経由で共有する機能です。操作の仕方はP107のコラム参照。

ログイン／ログアウト：ログイン／ログアウトができます。クラウドサービスやアノテーションはログインしないと利用できません。

終了：キャンバスを閉じてトップ画面に戻ります。保存していない場合は保存するかどうかを聞いてきます。保存しないで閉じると作業内容が消えてしまうので注意してください。

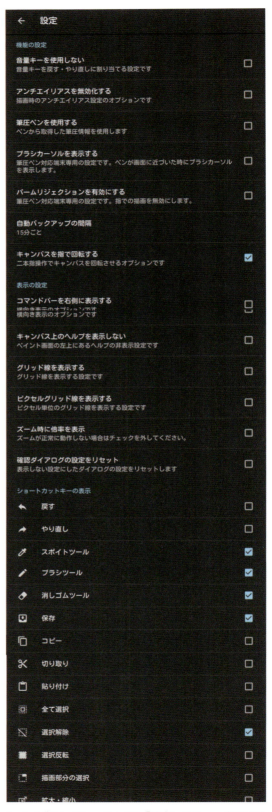

Android版MediBang Paintの「設定」メニューを開いて表示されるサブメニュー。

Reference 04

 # 筆圧感知設定

スタイラスペンを使う際、力の入れ加減で、描画する線に強弱をつける機能です。

筆圧感知：スタイラスペンを使うときオンにします。筆圧の強さを感知できます。

パームリジェクション：オンにすると掌や指先など、スタイラスペン以外のものが画面に触れても大丈夫になります。

指モード：Appel Pencilを使う際、オフにすると指で描画できなくなります。オンにした場合、指での描画は透明色になります。

筆圧感度：筆圧の感度を10段階で調整できます。

サポート状況：メディバンのサイトに移動し、対応しているペンの種類が分かります。

Column

スタイラスペンの接続

2018年10月現在、iPad版ではWacom、Adonit他のスタイラスペン、Sonar PenおよびApple Pencilが使えます（Android版は機種によって異なります）。Wacom、Adonitのペンを接続するには「筆圧感知設定」メニューを開きます。パネル中央の「電源を入れて先端を押し当てて接続」と書いてある部分にサイドボタンを押しながらペンを置いてください。パネル中央がオレンジ色に点滅し、接続が完了するとスタイラスペンの名前などが表示されて、「筆圧感知設定」のアイコンが変化します。
「Writing Style」をタップしてサブメニューを開くと、ペンの詳細設定が行えます。右利きの人は「Right」、左利きの人は「Left」を選択してください。また、実際に描いてみて座標がずれるように感じる場合は、「Upward」や「Downward」を選択してズレを調整してください。
Sonar Penはイヤホンジャックに接続してiPadと接続した後、Wacom、Adonitのときと同様にパネル中央の「イヤホンジャックに接続してタップしてください」にペンを置いて接続してください。
Apple PencilはiPadとBluetooth接続すれば、すぐに使えるようになります。

なお、スタイラスペンを使う際は、パームリジェクション（上の**Reference04**参照）をオンにすることをおすすめします。

基本編

CHAPTER 05

新規作成から作品公開まで

「MediBang Paint」も「ジャンプPAINT」も、作品を投稿したり公開したりするためのサービスとスムーズに連携しています。ここでは投稿サービスへの作品投稿をゴールとして、そこに至るまでの新規作成と作品管理の流れについて説明します。

新しいキャンバスの作成と保存

① まっさらな状態のキャンバスを作るにはホーム画面の「新しいキャンバス」をタップして「新規作成」を選びます。保存されている画像やタブレットのカメラで撮影した画像をキャンバスに配置したい場合は、該当する項目を選びます（⑥参照）。直前の作業の続きを行う場合は「前回の続き」を、保存済みのファイルを開いて作業を行う場合は、保存場所に応じて「オンライン」か「端末内」を選んでタップします。

② 「新規作成」を選ぶとマンガ用キャンバスの設定画面が表示されます。設定したら「完了」をタップ。

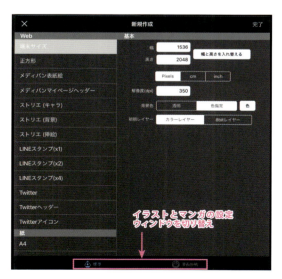

③ マンガではなくイラストを描く場合は、ウィンドウ下部の「標準」を選んで設定します。

④ タブレット版ジャンプPAINTではマンガしか新規作成できません。イラストの新規作成はPC版で行います。作成済みイラストの編集は可能です。

新規作成から作品公開まで

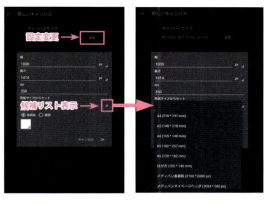

⑤ Android版の新規作成画面です。初期設定サイズを変更するには「変更」ボタンをタップします。各項目右端の▲マークをタップすると選択候補が表示されます。OKしたら「作成する」をタップします。

⑥ 「新しいキャンバス」から「画像を選択してインポート」すると、iPadの「写真」アプリ内に保存されている画像を選んで、それを配置したキャンバスを作成できます。キャンバスサイズは、取り込んだ画像サイズに自動設定されます。このとき線画抽出の有無を選べます。線画抽出した画像レイヤーは保護することもできます。「カメラで撮影してインポート」した場合も同様で、その場で撮影した写真を配置したキャンバスを作れます。「他のアプリからインポート」した場合は、他のアプリがアクセスできるiPad内フォルダから画像を選んで作成します。

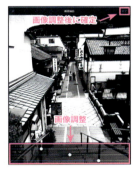 

⑦ 左が線画抽出した場合、右がしなかった場合です。線画抽出した場合は、読み込んだ画像をグレースケール画像にしてキャンバスに配置します。画面下部のゲージで必要な調整を行い、右上の「完了」で確定させます。しなかった場合は、画像がそのまま配置されます。

⑧ キャンバス上の作業を新規ファイルとして保存するときは「新規保存」をタップし、保存先を選びます。すでにあるファイルを上書きする場合は「上書き保存」を選びます。「保存」の操作の詳細は、P23～24を参照してください。

保存した作品の管理

① 保存済みのファイルを操作するには、ホーム画面の「マイギャラリー」で保存先をタップします。

② 左図はオンラインに保存されたプロジェクト一覧のイラストの画面です。作品を選んでタップするとキャンバスが開きます。右端の「…」をタップするとファイル操作メニューが開きます（左図）。右上の「＋」をタップすると新規作品が追加できます。メニュー（右図）の「新規イラストを描く」を選ぶと新しいキャンバスを作成し、「インポートして追加」を選ぶと端末内ギャラリーの絵を読み込んでクラウドに保存します。

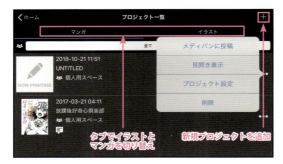

③ マンガの一覧に切り替えるには画面上のタブをタップします。右端の「…」をタップするとファイル操作メニューが開きます。単体のイラストと違い、マンガ単位ではシェアできません。右上の「+」をタップすると、マンガの新規プロジェクトが追加できます。表示されたウィンドウ（右図）で内容を設定し、右上の「完了」をタップします。

④ マンガのプロジェクト一覧から作品を選んでタップすると、そのマンガを構成するページの一覧が開きます。ページを選んでタップするとキャンバスが開きます。右端の「…」をタップするとファイル操作メニューが開きます。右上の「+」をタップすると新規ページが追加できます。メニュー（右図）の「新規ページを追加」を選ぶと白紙のページが追加され、「インポートして追加」を選ぶと端末内ギャラリーのイラストを読み込んでページを追加します。「クラウド上の画像をコピー」を選ぶと、クラウド上に保存されているイラストを選択してページとして追加できます。右上端の「↑↓」をタップすると、ページを並べ替えることができます。

⑤ 図は端末内ギャラリーに保存されたイラストの一覧です。キャンバスを新規作成する場合は「+」を、特定の画像を配置してキャンバスを作成したい場合は、メニューから該当する項目を選びます。

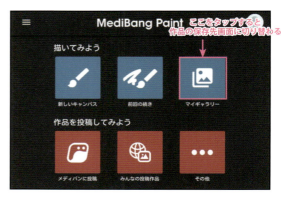

⑥ Android版も、保存済みのファイルを操作するには、ホーム画面の「マイギャラリー」をタップします。絵の保存先は次の画面で選べます。

⑦ 図はクラウドに保存されたマンガの一覧です。作品を選んでタップすると、そのマンガを構成するページの一覧が開きます。「…」はファイル操作メニューの表示、「+」は新規プロジェクトの追加です。

⑧ マンガのプロジェクト一覧をタップすると、マンガを構成するページ一覧を表示します。ページを選んでタップするとキャンバスが開きます。右上の「+」で新規ページの追加、「↑↓」で並べ替えができます。

⑨ Android版の「マイギャラリー」の「フォルダ」機能は、CM動画を視聴すると規定時間だけ使えるようになります。左図は視聴後の画面で、「フォルダ」機能が使えるようになっています。

⑩ ストレージを選択すると初期状態では新しいキャンバスを作成するかフォルダを作成するかを選べます。「新しいキャンバス」を選ぶとキャンバスの設定画面になります。設定してOKをタップします（右図）。

⑪ 「フォルダ作成」を選ぶとフォルダ名の入力画面になります。入力してOKをタップすると新しいフォルダができます（右図）。フォルダは入れ子にできます。タップして当該フォルダを開き同じ操作をします。

⑫ 画面右端の「…」をタップするとファイル操作メニューが開きます。左上がフォルダ、左下が絵の場合です。画面右端の「⚙」をタップするとフォルダの設定メニューが開きます（右図）。

⑬ 「その他クラウド」もCM動画の視聴で有効になる機能です。DropboxやGoogle Driveなど外部ストレージサービスと連携できます。左図はGoogle Driveを選択した例で、連携するアカウントを聞いてきます。

⑭ アカウントを選択するとMediBang Paintと連携する認証を求めてきます（左図）。許可すると「その他クラウド」メニューから、当該の外部ストレージにアクセスできるようになりました。

作品の投稿

① 完成した作品をメディバンの運営する作品投稿サービス「MediBang！」に投稿するには、ホーム画面の「メディバンに投稿」をタップします。投稿は3ステップで簡単に行なえます。

② ホーム画面の「メディバンに投稿」をタップすると、投稿作品の保存先の選択画面になります。投稿したい作品を保存している場所を選んでタップすると次の画面に進みます。

③ 「ステップ1」は作品の一覧表示画面です。表示されている中から、投稿したい作品を選んでタップします。画面は次の「ステップ2」に進みます。

④ 作品を確認して、タイトルを付けていない場合はタイトルを付けます。画面下部の「この作品を投稿する」をタップすると次の画面に進みます。

⑤ 「ステップ3」で作品の公開内容を設定します。「作品の公開設定」をクリックすると、「MediBang！」サイト上にある設定画面に進みます。

⑥ 公開設定画面で公開する内容を設定します。「作品の情報」「公開・販売の設定」の詳細は各項目の右端にある「v」をタップすると入力できます（右図）。「公開設定」の内容は後から変更できます。必要な入力が終わったら、画面下部の「メディバン公開」をタップします。「MediBang！」上で作品が公開されます。

新規作成から作品公開まで

⑦ 図はAndorid版の画面です。作品を投稿するにはホーム画面（左図）の「メディバンに投稿」をタップし、次の「ステップ1」の画面（右図）で、投稿したい作品の保存先を指定します。

⑧ 作品一覧が表示されたら（左図）、投稿したい作品をタップします。画面が「ステップ2」に移るので（右図）、タイトルを付けていない場合はタイトルを入力して、「この作品を投稿する」をタップします。

⑨ 「ステップ3」（左図）で「作品の公開設定」をクリックします。「MediBang！」サイト上にある設定画面（右図）に進むので、必要事項を入力し、「メディバン公開」をタップして公開します（⑥参照）。

⑩ 投稿済みの作品の公開設定を変更したい場合は、ホーム画面の「作品の公開設定」から行えます。

⑪ ジャンプPAINTでは、メディバンへの投稿機能に加え、ジャンプが主催する「ジャンプルーキー！」へ簡単な手順で投稿できます。ホーム画面の「ジャンプルーキー！へ投稿」をタップし、次の画面でアカウントに関するチェックを入れて、「次へ」をタップします。

⑫ クラウドに保存されたマンガ一覧が表示されるので、投稿したい作品を選び「ジャンプルーキーへ」（左上。再投稿する場合は左下が表示される）をタップします。ブラウザでジャンプルーキー！のサイトが表示されるので、サイトの手順に沿って投稿・公開します。

31

プロのイラストテクニックを
こっそり教えちゃうよ！

イラスト編

本書のカバーアートに使ったモレシャンさんのイラストを、制作手順に沿って徹底解説。レイヤー操作や定規の利用など、線画と着彩を上手に仕上げるTIPS満載！

※イラスト編の説明は以下のバージョンを用いています。
・iPad版MediBang Paint：Version14.1

CHAPTER 01
ラフ作成 …………………… 034

CHAPTER 02
キャラクター線画 …………………… 041

CHAPTER 03
キャラクター線画 その2 …………… 058

CHAPTER 04
背景線画 …………………… 063

CHAPTER 05
キャラクター着彩 …………………… 069

CHAPTER 06
背景オブジェクト着彩 ……………… 078

CHAPTER 07
キャラクター加筆仕上げ …………… 094

CHAPTER 08
エフェクト追加と仕上げ …………… 104

Illustration

モレシャン

イラストレーター。カードゲームイラスト、ゲームのキャラクターデザイン、書籍関連イラスト等多岐にわたって活躍中。おもな作品に「デュエル・マスターズ」(タカラトミー)、「カードファイト!! ヴァンガード」(ブシロード)、「神撃のバハムート」(Cygames) 等。

> イラスト編

CHAPTER 01 ラフ作成

今回は、美しい剣士の少女と魔法使いの少年のコンビを描いていきます。はじめから細部を描き込んでいくのではなく、まずキャラクターの配置や、だいたいのデザイン、ポーズ、色合いなどをざっくりと決め、作業を進めるためのラフを作成します。

① キャンバスを新規作成します。今回は横長のイラストにします。

MEMO イラストサイズは基本サイズから選ぶほか自由に設定することもできます。なお「ジャンプPAINT」のアプリ版では単体のイラストを新規作成することはできません（PC版では可能です）。

② 左右で雰囲気を変えようと思ったので、コマ割りツール（P121参照）を使って簡易ガイドとして配置しました。あくまでガイドなので、イラストには入りません。

③ 背景のイメージ案を作っていきます。カラーイラストに仕上げるので、イメージをある程度決めておきます。
ラフは太めのアクリルブラシで描き、色主体で配置していきます。ラフの段階で、各パーツごとにレイヤー分けしておきます。

④ キャラクターのデザインやポーズを考えながら、だいたいのラインを決めていきます。この段階では、細部はまだあまりしっかりとは描きません。

Reference 05

 # ブラシツール

メディバンペイントで絵を描くために中心となるツールです。初期設定では「鉛筆」「丸ペン」「Gペン」「エアブラシ」など18種類のブラシが用意されており、さらにクラウドから新しいブラシをダウンロードすることもできるので、描きたい絵の内容や線の種類に応じて、最適なブラシを選ぶことができます。使用できるブラシの種類はブラシウィンドウ上に一覧表示されます。

パネル下部の「ブラシ設定」「その他」をタップすると、必要に応じて太さや透明度などの設定を変更することができます。以下、おもな設定項目について説明します。

サイズ：キャンバスに描画する際のポインタの大きさを調整します。最大でこの太さで線が描かれます。

不透明度：描く線の透明度（色の濃さ）を調整します。太いブラシを利用する際、下にある画像の見え方に関係してきます。

最小幅：筆圧感知対応のスタイラスペンで描いたときの、線の最小幅を調整します。

筆圧サイズ：オンにすると筆圧感知対応のスタイラスペンで線を描くとき、筆圧に応じて線の太さを変えることができます。

筆圧不透明度：オンにすると筆圧感知対応のスタイラスペンで線を描くとき、筆圧に応じて線の不透明度を変更できます。

強制入り抜き：筆圧感知に対応していないスタイラスペンで入り抜き効果がほしい場合にオンにします。「筆圧サイズ」と「筆圧不透明度」と組み合わせて使います。

アンチエイリアス：線をなめらかに表示したいときに使います。

手ぶれ補正：直線を引くときなど、手ぶれを自動的に補正します。

ブラシカーソル表示：ブラシで描く際のポインター表示の有無を設定します。

※変更可能な設定はブラシによって異なります。

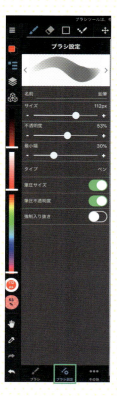

⑤ 描きづらい場合は、表示を左右反転させて描きます（ショートカットバーに反転表示を登録しておくと便利です）。

⑥ 今回は剣士の女の子と、魔法使いの少年のコンビを描こうかと思います。

⑦ キャラクターのだいたいのデザインが決まったら、この段階で色を決めていきます。
線画を描いたあとでもよいのですが、今回はカラーを含めたイラスト全体の雰囲気を把握してから仕上げたいので、今の段階で色を載せていきます。
あとで変更する可能性もあり、単に雰囲気をつかみたいだけなので、あまりしっかりとは塗りません。

Reference 06

太さ調整メニュー
不透明度メニュー

「太さ調整メニュー」では、ブラシや消しゴムなどの太さを調整できます。アイコンをタップして上にドラッグすると太くなり、下にドラッグすると細くなります。
「不透明度調整メニュー」では、ブラシや消しゴムなどの不透明度を調整できます。アイコンをタップして上にドラッグすると不透明度が高くなり、下にドラッグすると低くなります。

Reference 07

消しゴムツール

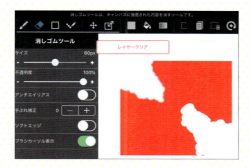

キャンバス上に描画された線や図形を消去するツールです。設定パネルでカーソルサイズや不透明度などを設定して、消したい部分をなぞります。**レイヤークリア**をタップすると、作業しているレイヤーにある図を一気に消去します。
アンチエイリアス：オンにすると消した部分の縁が滑らかになります。
手ぶれ補正：20段階で手ぶれを補正します。真っ直ぐに消したいときに便利です。
ソフトエッジ：オンにすると消した部分の縁がぼやけます。左図の四角形の左上はオンにした場合、右下はオフにした場合です。
ブラシカーソル表示：消しゴムを使う際のポインター表示の有無を設定します。

⑧ 色が少し強すぎる印象になってしまったので、レイヤー効果を使って、全体の色調を多少操作してみます。

塗りのレイヤーの上にさらに薄く色を載せます（「モード」：通常、「不透明度」30〜40％くらい）。

レイヤーメニューの「…」をクリックして操作メニューを表示し、下のレイヤーに統合すると、少し色にニュアンスが加わります。

⑨ 隣のキャラクターのレイヤーを選択し、こちらについても同じようにベースの色を決めていきます。

⑩ 色がつくと気になる点があれこれ見えてきます。いまのうちに配置やパーツの大きさなど、気がついた部分は調整しておきます（左上の線で囲んだ部分など）。

カラーつきのラフはこれで終了です。

38

ラフ作成

Reference 08

 レイヤーメニュー

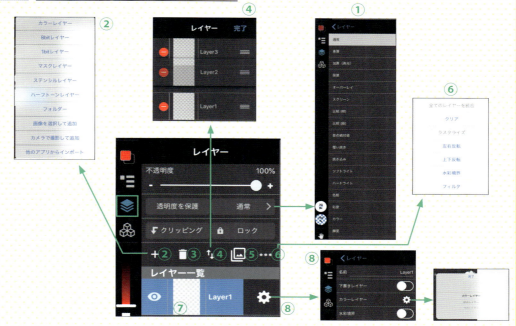

レイヤーの操作や設定などを行うのがレイヤーメニューです。メニューバーのレイヤーアイコンをタップすると、レイヤーメニューが表示されます。P68のコラムも参照してください。

不透明度：1〜100の範囲で不透明度を設定できます。
透明度を保護：レイヤー上の透明部が保護され、不透明で描画されている部分にのみ、描画できます。
通常：このボタンをタップすると①の画面が現れます。それぞれの役割は次の通りです。

通常	上にあるレイヤーがそのまま下のレイヤーに重なります。レイヤーを新規作成したときにはこのモードです。
乗算	上レイヤーに塗った色を、下レイヤーにかけ合わせます。色を重ねるので、濃く、暗くなります。
加算（発光）	「乗算」とは逆に、明るくかけ合わせます。
除算	下のレイヤーの色（RGB値）を、上のレイヤーの色で割ります。たいてい色が薄くなり、同色の場合は白になります。
オーバーレイ	「乗算」よりも自然に色をかけ合わせます。下レイヤーの色が白、黒の場合は影響を受けません。
スクリーン	「加算」よりも柔らかい明るさにかけ合わせます。
比較（明）	上下のレイヤーの色を比べて、より明るい方の色が適用されます。上レイヤーよりも下レイヤーの色が明るい場合は、下レイヤーの色がそのまま残ります。
比較（暗）	「比較（明）」の逆で、上下のレイヤーの色を比べて、より暗い方の色が適用されます。
差の絶対値	上下のレイヤーの差を調べることができます。画像の同じ部分は黒くなるため、差異がわかりやすくなります。
覆い焼き	下レイヤーの色相を保ったまま、重なった色を明るくします。明るい部分がさらに明るくなりコントラストがはっきりします。
焼き込み	「覆い焼き」の逆で、重なった色を暗くします。暗い部分がさらに暗くなり、こちらもコントラストがはっきりします。
ソフトライト	オーバーレイよりコントラストが柔らかい効果になります。載せた色に応じて、下のレイヤーの色を明るくしたり暗くしたりします。
ハードライト	オーバーレイよりコントラストが強い効果になります。載せた色に応じて、下のレイヤーの色を明るくしたり暗くしたりします。
色相	下のレイヤーの「彩度（＝色の鮮やかさ）」と「輝度（＝目で見た時に感じる光の度合い）」を維持した状態で、載せたレイヤーの「色相」を重ねます。
彩度	下のレイヤーの「色相」と「輝度」を維持した状態で、載せたレイヤーの「彩度」を重ねます。
カラー	下のレイヤーの「輝度」を維持した状態で、載せたレイヤーの「色相」「彩度」を重ねます。
輝度	下のレイヤーの「色相」と「彩度」を維持した状態で、載せたレイヤーの「輝度」を重ねます。

クリッピング：設定したレイヤーの、ひとつ下のレイヤーに描画されている範囲内にしか描画できなくなる機能です。色のはみ出しを防ぐのに役立ちます。

ロック：設定したレイヤーへの描画、編集などができなくなります。ロックされたレイヤーは、ウィンドウの左端に鍵のマークが表示されます。

②「＋」アイコンをタップすると、現在選択しているレイヤーのすぐ上に新しいレイヤーを追加します。それぞれ、以下のような機能があります。

カラーレイヤー	新しいカラーレイヤーを追加します。
8bit レイヤー	グレースケールのレイヤーを追加します。
1bit レイヤー	新しい黒色（単色）のレイヤーを追加します。
マスクレイヤー	塗られた部分だけ、下にクリッピングされている絵を「隠す」ことができるレイヤーを追加します。
ステンシルレイヤー	塗られた部分だけ、下にクリッピングされている絵を「表す」ことができるレイヤーを追加します。
ハーフトーンレイヤー	新しい黒色（ハーフトーン）のレイヤーを追加します。
フォルダー	選択レイヤーの真上にフォルダが作成されます。まとめたいレイヤーはそのフォルダ内に入れておくことができます。
画像を選択して追加	端末内の「写真」（iPad）、「ギャラリー」（Android）から選んだ画像を配置したレイヤーを追加します。
カメラで撮影して追加	その場で撮影した写真を配置したレイヤーを追加します。
他のアプリからインポート	他のアプリもアクセスできるフォルダ内から選んだ画像を配置したレイヤーを追加します。

③「ゴミ箱」アイコンをタップすると、選択しているレイヤーを削除します。

④「矢印」アイコンをタップすると、レイヤーの順番を変更する画面が現れます。右側にある3本線のアイコンをドラッグしてレイヤーの順番を変えられます。

⑤アイコンをタップすると、選択しているレイヤーをコピーします。

⑥アイコンをタップすると、選択しているレイヤーを下記の通り操作できる画面が現れます。

全てのレイヤーを統合	キャンバス内の全レイヤーが並び順に統合されます。	
下に統合	選択したレイヤーを真下のレイヤーに統合します。	
クリア	レイヤーに描かれている画像を削除します。	
ラスタライズ	レイヤー上にあるオブジェクトをラスタライズします。	
左右反転	選択しているレイヤーを左右反転します。	
上下反転	選択しているレイヤーを上下反転します。	
水彩境界	レイヤー上の画像のふちを濃くします。	
フィルタ	画像の色味を補正したり特殊な効果を出すためにキャンバス上のレイヤーを加工します。何の変化もない「なし」に加え、次の6つのフィルタがあります。	色相：絵の色を変える機能です。
		色反転：絵の色相を反転させます。
		ガウスぼかし：絵にぼかしをかける機能です。
		モザイク：絵にモザイクをかける機能です。
		モノクロ化：絵をグレースケールにする機能です。
		線画抽出：絵から線を抽出する機能です。線画はグレースケールになります。

⑦アイコンをタップすると、レイヤー上の画像の表示・非表示を切り替えられます。

⑧「歯車」アイコンをタップすると、レイヤーのステータスの確認と変更ができます。ステータスの内訳は以下の通りです。

カラーレイヤー	フルカラー（RGB各256階調をかけ合わせた1677万7216色）が使えるレイヤーです。
8bit レイヤー	グレースケール（モノクロ256階調）が使えるレイヤーです。
1bit レイヤー	モノクロの2値（白と黒）が使えるレイヤーです。

イラスト編 CHAPTER

キャラクター線画

02 キャラクター線画

ブラシツールから気に入ったブラシを選び、さきほど描いたキャラクターのラフにペン入れしていきます。この段階で線をきれいに描いておくと後がラクになるので、何度もやり直しができるデジタルの特性を生かして、納得のいく仕上げを目指しましょう。

① 線画を起こしていきます。白く塗りつぶしたレイヤーを重ねて、透明度を変更（70～80％くらい）して、その上にペン入れ用にレイヤーを追加します。

※ペン入れをしないレイヤーはロックしておくと、意図しないレイヤーに間違って描いてしまうことを防げます。

今回使用しているペン（ツール名：ペン）は2pxの太さがメインですが、こちらは画風に合わせてお好みで使ってください。
よく使うサイズはあらかじめ登録しておくと便利です。サイズは描く箇所により随時調整を行います。

② ペン入れしていきます。描きづらい場合は左右反転させながら描きます(今回は画面下に配置されているショートカットバーにある、左右反転アイコンを使用しています)。キャンバスの表示メニュー（P45のReference13参照）か、2本指を使って指を回転もしくは指を寄せる、指を広げるなどの動作で、キャンバスの回転&縮小ができます（機器本体を回転してもいいと思います）。

指で直感的にキャンバスを操作できるのは、タブレットの利点の一つであり、頻繁に使うのでぜひ使っていきましょう。
時々2本指でピンチインして全体を縮小し、全体図を見ながら描いていきます。

デジタルイラストの利点として、何度も修正ができるので、はじめに大まかに形を描いて、あとで消しゴムなどを使い、細かく詰めていくやり方もアリだと思います。

線は一発描きができるのがいちばんよいとは思いますが、線画の段階でばっちり決まっていると後の仕上がりもよくなるので、バランス調整も兼ねて、ガンガン修正を加えながら進めてしまっていいと思います（この段階で、その時に思いついたデザインなども結構入れています）。

基本的にはペンツールで線を描く、消しゴムツールで気になる部分を消して描き直し、の繰り返しで、線画を完成まで進めていきます。

③ 選択範囲で修正箇所を選択し調整していきます。上部の「選択範囲」ツール（四角い点線のアイコン）を選択し、左側に表示された「選択」ツールの4個のボタンのうち、一番右にある「自由選択」ツールを使用することによって、ペンまたは指で自由な形の選択範囲が作れます。

④ ボックスの四隅を引っ張ると拡大縮小、ボックスの少し離れたところを回しながらドラッグすると回転や拡大・縮小ができます。

Reference 09

▫ 選択ツール

選択ツールは、キャンバス上の特定の箇所を限定し、その中で描画や加工を行うときに使います。選択範囲の形には、塗りつぶしツールと同様の「矩形」「楕円」「多角形」に加え、フリーハンドで範囲を選べる「投げ縄」があります。選択範囲を設定すると、選択されていない部分は半透明の青のような色になるので、両者は簡単に見分けることができます。

選択ツールには「通常」「追加」「削除」という3つのボタンがあります。「通常」の場合、選択できるのは一箇所ですが、「追加」を選ぶと複数の範囲を指定できます。また「削除」を押して、選択した範囲のうち解除したい箇所を選ぶと、その部分を選択から削除することもできます。

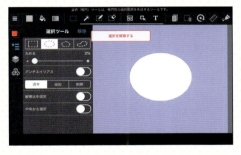

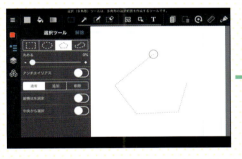
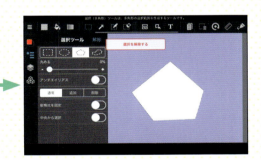

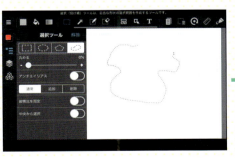

Reference 10

自動選択ツール

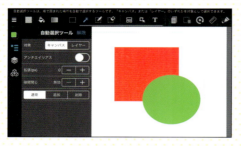

線で囲まれた画像や色、あるいは線自体をタップすると、形に沿って自動的に選択範囲を設定できます。そのとき、選択メニューの「対象」が「キャンバス」になっていると、キャンバスの表示通りの範囲が選択されます。たとえば、左の画像では赤い四角形を選択していますが「対象」が「キャンバス」になっているので、円と重なっている部分はくり抜かれています。一方「レイヤー」を選択した場合には、そのレイヤー上にある図形（左の例では四角形）そのものが選択されます。また、選択メニューには選択ツールの場合に加え、「拡張」「隙間閉じ」がありますが、この役割はバケツツール（P72の**Reference22**参照）の場合と同様です。

Reference 11

選択ペンツール

選択ツールや自動選択ツールでは指定しにくい部分を、ブラシを使う感覚で選択できるツールです。たとえば、塗りつぶされた図形から文様を抜き出したいときには、選択ペンツールのアイコンを選択して、次にブラシツールから使いたいブラシを選びます。そして図形の上に文様を描き、選択範囲を決定したら、移動ツールでその文様を移動させ、その後「選択を解除する」をタップすれば、文様が抜かれた図形にすることができます。

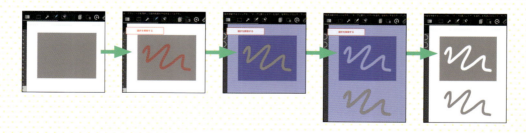

キャラクター線画

Reference 12

選択消しゴムツール

選択ツールや自動選択ツールなどで選択されているエリアから、その選択を部分的に解除するツールです。たとえば下の画像では、まず矩形を選択し、次にその範囲の中で、選択を解除したい部分を選択消しゴムツールでなぞります。そして、元々の選択範囲を移動させると、選択消しゴムツールでなぞった部分が移動せずに残っているのがわかります。

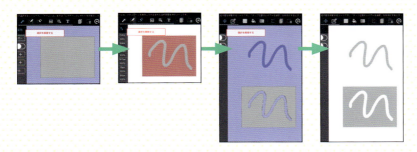

Reference 13

表示メニュー

キャンバス本来の向きは変更せず、画面上で見かけの表示だけを回転・反転させます。「編集メニュー」の場合は、たとえば縦方向の作品を90度回転させると横向きの作品になりますが、「表示メニュー」の場合は、回転させても見た目が横方向になるだけで、作品そのものは縦方向のままです。「横方向に線を引きたいが、描きづらいのでキャンバスの向きだけを縦方向にしたい」などの場合に便利な機能です。

①「左回転」：キャンバスの見た目を、1回のタップごとに10度ずつ左に回転させます。

②「右回転」：キャンバスの見た目を、1回のタップごとに10度ずつ右に回転させます。

③「左右反転」：キャンバスの見た目を左右反転させます。

④「回転を元に戻す」：キャンバスの見た目を元の位置に戻します。

⑤　「変形ツール」を選択すれば、「メッシュ変形」もできます。「メッシュ変形」によって、単に拡大縮小するだけではなく、線のディティールも調整可能です。

⑥　全部フリーハンドでもかまいませんが、人工的なものや硬いものは、定規を使用したほうが後々よい仕上がりになります。

「各種メニュー」をタップすると各種定規を選べるようになるので、「同心円定規」を選んで「定規の位置を変更する」で、円の中心の位置を設定できます（任意の場所をタップ）。

必要な本数の線を描いたら、定規をオフにして変形して任意の形にフィットさせます。

⑦　加筆したり消しゴムで修正したりして、理想の形に合わせていきます。特殊定規は使い方次第でいろいろな形が綺麗に描けますので、いろいろ試してみるとよいかと思います。

Reference 14

変形ツール

キャンバス上の図形を拡大・縮小、変形するツールです。変形ツールのアイコンを選択するとレイヤー上にある図形が、白いポインターのついた赤い罫線で選択されます。白いポインターをドラッグすることで、変形が可能になります。
また、図形を選択し、画面下部の設定メニューで指定した変形も行えます。

拡大縮小：天地左右の比率を保ったまま、図形の大きさを変更します。
自由変形：天地左右の比率にこだわらず、自由に拡大・縮小することが可能です。
メッシュ変形：図形全体に方眼状のメッシュがかけられます。そのメッシュの交点にあるポインターをドラッグすることで、ポインターを頂点として引き伸ばした形になります。

拡大縮小

自由変形

メッシュ変形

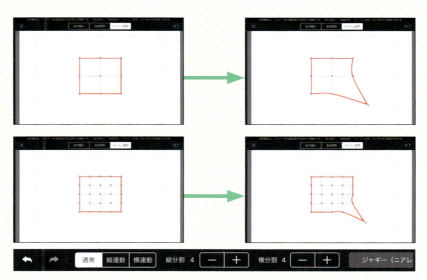

Reference 15

 定規メニュー

マンガやイラストで線を引く際のガイドとなる機能です。「定規」を使うことで、見栄えのよい正確な線を引けます。

① **オフ**：定規を非表示にします。
② **平行**：平行に並ぶ、まっすぐな直線を引けます。線の角度は調節可能です。
③ **十字**：垂直方向と水平方向の線が引けます。
④ **消失点**：2本の線を引くとその延長線上に自動的に消失点を設定するので、そこに向かった線を引けます。
⑤ **集中線**：ある1点を中心にして、そこに向かった線を引けます。
⑥ **同心円**：円の中心を確定し、同心円を描くことができます。
⑦ **曲線**：画面をタップすると、その点を通る曲線を引けます。
⑧ **楕円**：画面をタップすると楕円の補助線が表示され、それに沿って楕円を描けます。楕円は拡大/縮小、変形が可能です。
⑨ **その他**：作成した定規の保存などができる機能です。

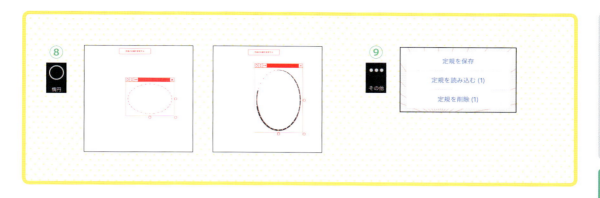

Reference 16

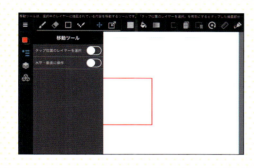
移動ツール

図形のあるレイヤーを選択し、その図形をドラッグすると、レイヤー上に描かれた図形をすべて移動させることができます。図形を単体で移動させたいときは、その図形を選択する必要があります（P43～44の**Reference09～12**参照）。「タップ位置のレイヤーを選択」をオンにすると、あらかじめレイヤーを選択する必要なく、タップした画像のあるレイヤーを移動できるようになります。また、図形を斜め方向にも動かしたい場合には「水平・垂直に操作」をオフにしておきます（デフォルトはオフ）。

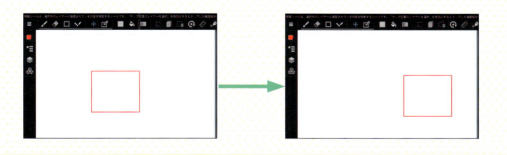

⑧ 左右対称のモチーフを作成するのに便利なペンがあります。あとから拡大縮小、回転を行いますので、調整しやすいように別レイヤーで作業します。

ブラシ一覧から「線対称」を選択します。

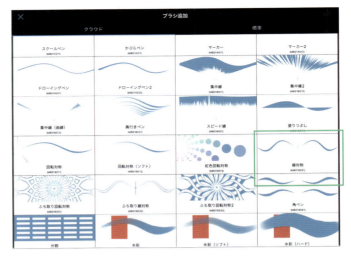

一覧に無い場合は、ブラシの左にある「＋」をタップすれば、クラウドから使いたいブラシをダウンロードできます。ダウンロードしたブラシはグレーになっています。他にも気になるブラシがあれば、ダウンロードしていろいろ使って楽しんでみましょう。

⑨ 画面上部の「基点を編集する」（画像では「起点を編集中」）をタップすると、定規の位置が変更できます。
好みのブラシサイズに変更し（今回は2.0px）、線を引いてみると、設定した基点をもとに左右対称の絵が描けます。

⑩ モチーフが描けたら、選択して変形して絵にあわせ、消しゴムやペンなどで線を調整します。

⑪ 全体を見たり、部分的に拡大させながら、全体を調整するために線のクリーンアップをしていきます。はじめの段階から丁寧にしておくと、後々の作業に差が出るので、できるかぎり綺麗にしておきましょう。

⑫ 後ほど仕上げ作業などの際に編集しやすいように、剣を別レイヤーで描画しておきます。

左右対称のモチーフなので、これも線対称と同心円ツールを使って描きました。描き終わったらラフのイメージに角度を合わせます。

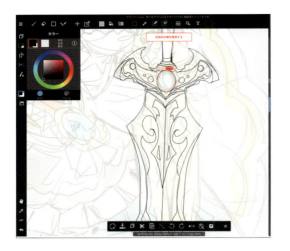

キャラクター線画

(13) キャラクターの後ろに背景画像を貼りつけますので、線画の後ろに、白でキャラクターの形にベタ塗りを作っておきます。

画面上の「自動選択ツール」を選択し、線画の外側をタップすると、線画の外側を選択している状態となり、選択範囲ではない部分はこのように薄い青で塗りつぶされます。

(14) 自動選択ツール使用時、カラーパレットの下に設定が表示されています。

拡張：選択範囲を「+」にすると、選択範囲が線からはみでる大きさが増えます。
隙間閉じ：線画に隙間がある場合、ある程度補間してくれる度合です。こちらは使用しているペンの設定によって調整してください。
今回は「拡張0、隙間閉じ1」で設定しています。

その下の、横に並んでいる3つの項目も使用します。

通常：デフォルトではこちらになっているかと思います。線に合わせて選択します。

以下は選択範囲の編集に使用します。

追加：タップした部分の選択範囲を追加します。
削除：タップした部分の選択範囲を削除します。

これで、キャラクター以外の部分を選択している状態になります。

⑮ より精度の高い選択範囲を作るため、細かい部分を「選択ペンツール」で調整します。

「自動選択ツール」の右のアイコンをタップすると、「選択ペンツール」に切り替わり、先ほど作成した選択範囲が、このように薄い赤で塗りつぶされます。

画面を拡大してみると、塗りつぶされていない部分ができていることがあります。後々ゴミとして残ってしまい、面倒なことになる可能性があるので、今の段階でつぶせるものはつぶしていきましょう。

このモード中は、任意のブラシで描くことにより、選択範囲を自由に調整することができます。今回は「アクリル」を使って調整しています。
マスクは選択範囲をペンのタッチで自由に設定できるので、覚えておくといろいろな場面で使えます。

以下は、選択範囲関連のメニューを開いたところです。

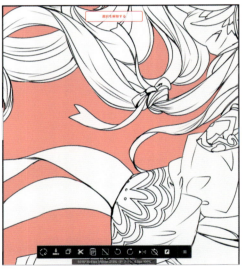

こちらの「選択反転」をタップすると、このように赤い塗りつぶし部分が反転します。

キャラクター線画

Reference 17

選択範囲メニュー

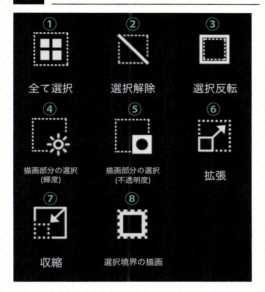

選択ツールなどで選択されたレイヤー上の特定範囲をコントロールします。画像を変形したり選択範囲に沿って枠線を描くときにも使用します。

① **全て選択**：作業中のレイヤー全体を選択範囲に指定します。

② **選択解除**：選択範囲をクリアします。

③ **選択反転**：選択範囲と未選択範囲を反転させます。

④、⑤ **描画部分の選択**：描画部分をまとめて選択し、色を変更したり効果を追加する場合に使います。④（輝度）は周りとの輝度の差から選択範囲を作成します。左図は選択範囲に黒色を流し込んだ例ですが、輝度の低い赤や青は黒が濃く反映し、輝度の高い黄色やシアンには薄くしか反映していません。⑤（不透明度）は周りとの不透明度の差から選択範囲を作成します。左図はやはり黒色を流し込んだ例ですが、透明度の高い部分には黒があまり反映せず、元の赤が残っています。

⑥ **拡張**：選択範囲を拡張します。

⑦ **収縮**：選択範囲を収縮します。

⑧ **選択境界の描画**：選択範囲の境界線上に沿って、線を描画します。図は、左から「境界線上」「内側」「外側」にそれぞれ線を引いたものです。

③
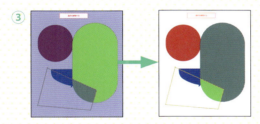

④
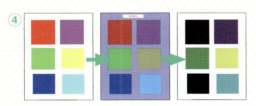

⑤
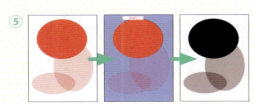

⑥
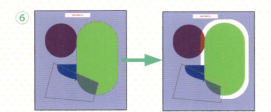

⑦
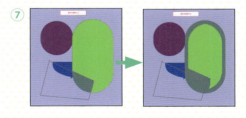

⑧

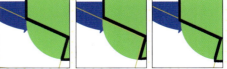

(16) 「選択反転」した状態で「バケツツール」（P72のReference22参照）を選択します。マスクモードは自動で「自動選択ツール」のモードに切り替わります。

「バケツツール」の設定で「レイヤー」をチェックし、新規レイヤーを白で塗りつぶします。

これでキャラクターの線画に沿って、白でベタが塗られました。

キャラクター線画

⑰ 同じように、剣の絵にも白ベタを適用します。こちらは持ち手の部分にはベタを塗らずに、線も修正して、剣をきちんと手に持っているようにしておきます。

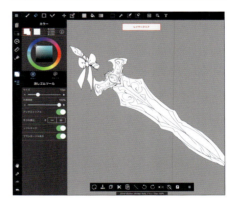

⑱ 線や全体バランス、抜けていない部分などを確認して、女性キャラクターの線画完了です。

57

CHAPTER 03 キャラクター線画 その2

イラスト編

先のキャラクターと同様の方法で、もう1人のキャラクターの線画を描いていきます。MediBnag Paintには直線や曲線、円などを描くのに便利なツールがそろっているので、それらを使いこなしながら線画の作成を進めていきましょう。

① もう片方のキャラクターも、同じように描いていきます。

② 月のパーツはこのように、円を2つ重ねて、ずらす感じで描けば簡単にできます。

キャラクター線画 その2

Reference 18

図形描画ツール

ブラシを使って、図形を描くツールです。「直線」「折れ線」「曲線」「矩形」「楕円」「多角形」を描くことができます。描く図形を選択し、ブラシを選んで描き始めます。
「折れ線」「曲線」「多角形」の場合は、始点と制御点（ここで曲げたいと思う場所。図の○の部分）をタップすると、自動的に線が引かれていき、最後に画面上部の「確定」をタップすることで描画が終了します。

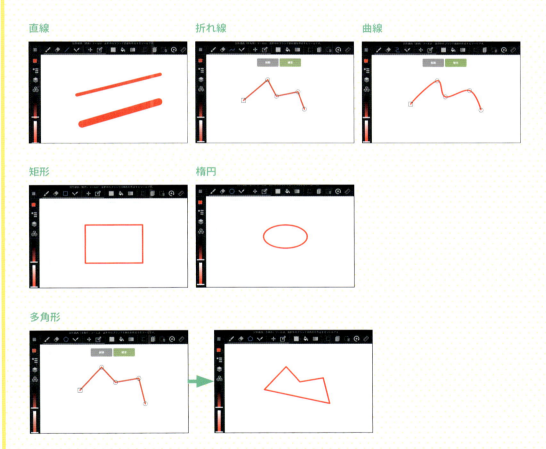

③ メニューバーの「図形ブラシツール」には、いろいろな線を引けるツールがそろっています。

杖の線を綺麗に引きたいので、「直線」を使っていきます。任意の基点から引っ張るだけですぐに直線を引くことができます。線の太さは、選択中のブラシに依存します。

④ カーブのある線は、図形ブラシツールの「曲線」を使うと綺麗に描くことができます。

始点と頂点、終点をタップして設定し、□や○をドラッグすることで、それぞれ自由に位置を調整することができます。

好みの線になったら、画面上部の「確定」をタップします。

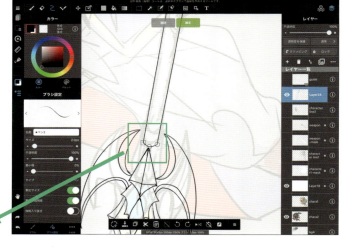

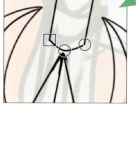

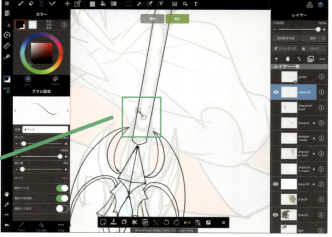

Reference 19

■ 塗りつぶしツール

キャンバスをタップし、さらにドラッグすることで、選択した描画色で塗りつぶされた図形を作成するツールです。作成できる図形には3パターンあります。

矩形：四角形を描画できます。
楕円：矩形と同様に塗りつぶされた円を描画できます。
多角形：キャンバスをタップし、まず始点を設定し、1回のタップごとに制御点を決めて図形を描いていきます。

矩形

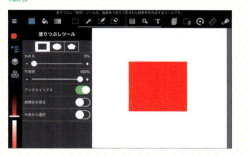

楕円

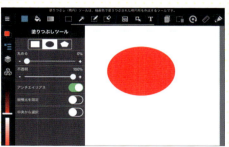

多角形

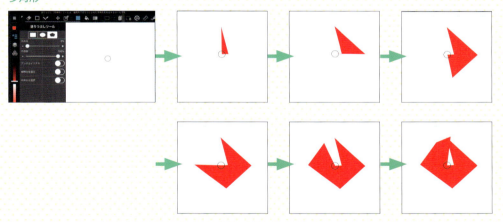

また、設定パネルを操作することで、以下の調整が可能になります。

丸める：オンにすると、描画した図形の角を丸めます。
不透明：ゲージを動かすことで描画色の不透明度を調節します。値が大きくなるほど、不透明になります。
アンチエイリアス：文字や画像の縁をなめらかにします。
縦横比を固定：オンにすると、縦横比が固定されるので、矩形の場合は正方形を、楕円の場合は真円を描けます。
中央から選択：オンにしてキャンバスをタップ→ドラッグすると、最初にタップした始点を中心に、四方に均等に図形が広がります。

⑤ 杖の線画が完了しました。

⑥ これまでの手順を繰り返して、魔法使いの少年キャラクターの線画が完成しました。

⑦ 魔法使いの少年のマントよりも、女性キャラの髪の毛を手前に表示させたいので、レイヤーの順番を調整して、表示の順番を変更します。「レイヤーウィンドウ」の「↑↓」アイコンをタップすると、レイヤーの順番を編集できる画面になります。それぞれのレイヤーの右側にある線のアイコンを上下へドラッグすると、順番を変更できます。

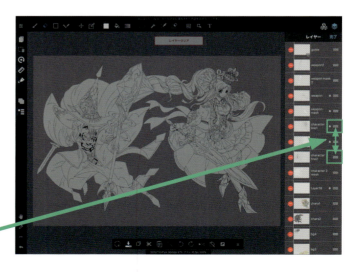

> イラスト編
> CHAPTER
> 04

背景線画

背景線画

キャラクターに続き、背景の線画を進めます。背景には複数のパーツを描く予定なので、パーツごとにレイヤーを分けて作業をすると、後で修正をする際に便利です。その際、混乱しないよう、レイヤーにはわかりやすい名前をつけておくと効率よく作業できます。

(1) 背景の線画を描きます。基本的な工程はキャラクターの時と同じく、フリーハンドもしくは定規、各種ツールを使って進めていきます。後で編集がしやすいように、それぞれパーツごとにレイヤー分けをして線画を描いていきます。
今回は花、雲、円形のオブジェクト、クリスタル的オブジェクト、炎の5つに分けて制作していきます。

②　円形のオブジェクトを描くには「回転対象ブラシ」を使います。

設定した中心点を基点に、任意の数、線の太さで回転対象の絵が描けます。今回は円状のオブジェクトの模様に使っていきます。模様のレイヤーは別で新規に作って作業します。

③　次に、「ふち取り回転対象2」ブラシを選択します（ダウンロードブラシになります）。ふち取りのブラシは、ふちのついた線を描くことができます。各種数値を調整して実際描いてみて、理想の形になるまで調整してください。

④　「変形ツール」の「拡大縮小」で大きさを合わせます。

⑤ 模様のはみ出てしまっている部分を消して綺麗にします。

ベースの円の形のレイヤーを選択し、「自動選択ツール」で輪を選択します。その状態で、先ほど「ふち取り回転対象」で描いた模様の描かれたレイヤーを選択します。

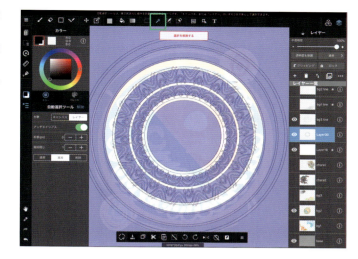

「編集メニュー」の「切り取り」ツール（はさみの形のアイコン。よく使うのでショートカットに登録しました）で、選択している分が消去されます。

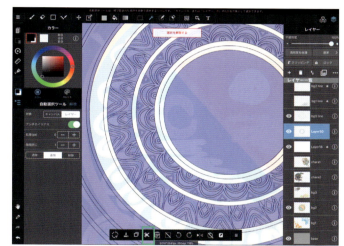

⑥ 引き続き線画を進めていきます。

Reference 20

編集メニュー

キャンバスや描画の状態、動作をコントロールするメニューが「編集」メニューです。「コピー」「貼り付け」「トリミング」など、作業の効率化に役立ちます。

① **切り取り**：描画された図形に関して、選択ツールなどで範囲を指定した部分を切り取ります。

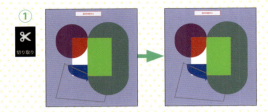

② **コピー**：描画された図形に関して、選択ツールなどで範囲を指定した部分をコピーします。「切り取り」と違い、画像は元のままです。

③ **貼り付け**：「切り取り」「コピー」で選択した範囲の画像をキャンバスに貼り付けます。新しいキャンバスは、作業中のレイヤーのすぐ上に生成されます。

④ **キャンバス左回転**：キャンバス全体を90度左に回転させます。

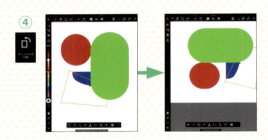

⑤ **キャンバス右回転**：キャンバス全体を90度右に回転させます。

⑥ **キャンバス左右反転**：キャンバス全体の左右を反転させます。

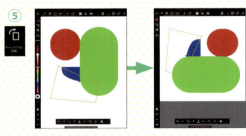

⑦ **キャンバス上下反転**：キャンバス全体の上下を反転させます。

⑧ **画像解像度**：キャンバスに描画した図形ごと拡大・縮小します。縦横の比率を保持することも、縦横の比率を変更することもできます。

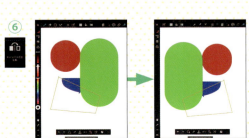

⑨ **キャンバスサイズ**：描画した図形のサイズは変更せず、キャンバスだけを拡大・縮小し、さらにキャンバスをどの位置に配置するかも設定できます。左図は、縮小後のキャンバス位置を右上に設定した場合の例です。

⑩ **背景色設定**：描画されている図形以外の背景色を設定します。

⑪ **漫画原稿ガイド設定**：マンガやイラストなどを描いて印刷する際のガイド線を設定します。

⑫ **グリッド表示設定**：画面上にグリッドを表示します（グリッドのサイズはキャン

⑦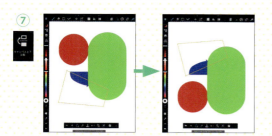

バスのサイズによって異なります)。「ピクセル単位のグリッド」をチェックすると、拡大率が100%以上の場合、その1/10の幅のグリッドも表示します。

⑬ **トリミング**：選択ツールなどで範囲を指定すると、それに合わせてキャンバスサイズを変更します。

⑧

⑪

⑨

⑫

⑩

⑬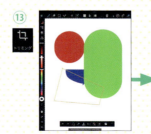

⑦ キャラクターの時と同様に、それぞれのパーツごとに白ベタを作成します。かなりレイヤーが増えているので、わかりやすい名前をつけておくなど、混乱しないようにしておきましょう。レイヤーの「i」という表示部分をタップすると、レイヤー名が編集できます。

⑧ これで白ベタ付きの線画が完成しました。

> Column
>
> ### レイヤーとは
>
> 一般に、MediBang Paintを始めとしたグラフィックソフトでは、絵はキャンバスの同じ平面上に描くのではなく、パーツごとに描く平面を分け、それを重ねて1枚の絵にしたほうが修正などの作業が簡単です。その各パーツが描かれている平面を「レイヤー（層）」と呼びます。ちょうど、透明なフィルムに1つずつパーツを描き、それらを重ねて上から見ると1枚の絵に見えるのと同じです。それぞれのレイヤーは独立しているので、作業は各レイヤーごとに行います。作業レイヤーを切り替えない限り、他のレイヤーに描いた絵に触ることはできません。

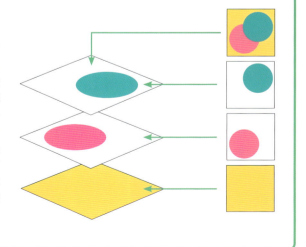

CHAPTER 05 イラスト編 — キャラクター着彩

キャラクター着彩

線画が完成したら、いよいよキャラクターに色を載せていきます。単純に色を塗っていくだけではなく、立体感を出すために陰影をつけたり、絵柄に応じて質感を出したり、ペンタッチを調整するなど、さまざまな機能を使って工夫していきましょう。

① キャラクターに色をつけていきます。先ほど作成した線画と白ベタを表示します。

② 白ベタ部分を「バケツツール」を使ってベースの色（今回は肌色）に塗りつぶします。

③ レイヤーの透明度を保護する必要はありません。「バケツツール」を選択し、対象を「レイヤー」にすることで、線画を無視して白ベタ部分のみを塗りつぶせます。必ずしもベースカラーを塗る必要はないのですが、最も面積の大きい色をベースカラーにしておくと、その後の工程を少し短縮できます。ちなみに、対象を キャンバス に指定すると、右図のように線画に沿って色を塗ることができます。

今回のイラストの各パーツの基本カラーは、この「対象をキャンバスに指定したバケツツール」を使って行います。

④ カラーラフを捨てずにとっておき、色を参照しながら進めます。このように横に並べて表示しておくと、着彩作業がしやすくなります。

⑤ 色を塗る場合、カラーサークルやパレットから色を選択して塗ってもかまいませんが、せっかくなのでカラーラフから直接色を拾って塗っていきましょう。
「スポイトツール」を選択した状態で、拾いたい色の部分をタップすると、その色を選択することができます。

前述したように「バケツツール」の設定で、「対象」に「キャンバス」を選択している状態で色を載せたい位置をタップすると、線画に沿って色が塗られます。

⑥ 「バケツツール」でうまく塗れなかった部分は、任意の「ペンツール」を使って塗り足していきます。今回は アクリル を使用しています（画像ではブラシ名は「アクリル30」となっていますが、実際に使っているのは「アクリル」です）。

Reference 21

 カラーメニュー

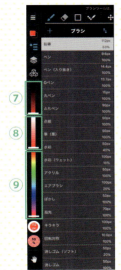

ブラシツールや塗りつぶしツールを使うときの描画色を決めるのが「カラーメニュー」です。キャンバス画面の左にあるメニューバーの「カラーメニュー」アイコンをタップすると、色味をコントロールするカラーウィンドウが表示されます。

① 前景色（左上側の色）と背景色（右下側の色）を切り替えます。前景色はブラシや塗りつぶしの色、背景色はふちの色になります。

② 透明色。これを選択して塗りつぶした部分をなぞると、元の色が消えます。

③ 色の状態を表示します。

④ 色編集の操作画面を表示します。この画面では、RGBの要素を調整して色味を設定できます。

⑤ 色相環。基本的な色を選択します。

⑥ 上下方向で明度（色の明るさ）、左右方向で彩度（色の鮮やかさ）を調節します。上に行くほど明度が高く、右に行くほど彩度が高くなります。色相、明度、彩度はメニューバーでも調節できます。

⑦ 上下で明度を調整します。上に行くほど明度が低くなります。

⑧ 上下で彩度を調整します。上に行くほど彩度が高くなります。

⑨ 上下で色相を選択します。

⑩ よく使う色を保存しておく「パレット」を表示します。パレットで「＋」ボタンを押すと、新しい色を登録できます。

スポイトツール

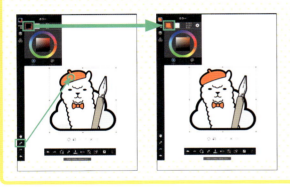

スポイトツールを選択し、キャンバス上の任意の場所をタップすると、前景色がその場所の色に変更されます。同じ色を使って描画したいときに便利です。左の画像では、アルパカのベレー帽の部分をタップして前景色を変更しています。

Reference 22

🪣 バケツツール

「線で囲まれた範囲」や「選択された範囲」など、広い範囲を一気に塗りつぶすときに便利です（範囲選択の方法についてはP43～44の**Reference09～12**参照）。範囲を選択した状態で塗りつぶす色を指定し、その範囲をタップすると、一気に描画色が変わります。各操作メニューの役割は以下の通りです。

対象：塗りつぶす対象を「キャンバス」にすると、キャンバスに表示されている全レイヤーの画像の「線で囲まれた範囲」もしくは「選択された範囲」を塗りつぶします。「レイヤー」を選択すると、編集中のレイヤーにある画像のみが対象になります。

拡張：塗りつぶす範囲を±32ピクセル分、広げたり縮小することができます。選択範囲の境界がアンチエイリアスなどで曖昧になっている場合に、境界を明確にできます。

隙間閉じ：選択した範囲を囲む線に小さな隙間があった場合、それを無視して、線はつながっているものとして選択範囲を設定します。

「線で囲まれた範囲」を塗りつぶした例

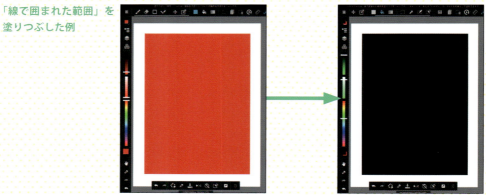

「選択された範囲」を塗りつぶした例

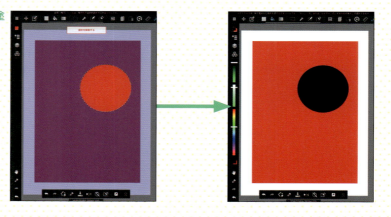

キャラクター着彩

⑦ 以上の手順を使い分け、キャラクターの基本の色を塗り進めます。

⑧ 基本の色を塗り終わったら、立体感を出すために陰影を入れていきます。レイヤーを追加してレイヤーモードを「乗算」にし、薄いグレーで全体を塗りつぶします。

⑨ 「消しゴム（ソフト）」を使い、光の当たっている明るい部分を消していきます。消しゴムブラシの設定は、「最小幅0」「最大幅100」にして、細かい部分も消せるようにしました。「ソフトエッジ」をONにすると、エアブラシのようにぼやけた筆跡になります。場合によってはこちらを使用したほうがいい時もあります。

まず全体の影を決め、細かい影はあとからペンと消しゴムを使って綺麗に調整します。

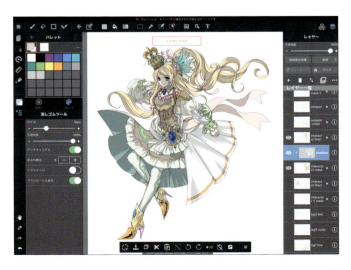

⑩ 広い部分は選択範囲で選択して消してもよいと思います。

⑪ このまま影の色が全部同じでも問題ありませんが、発色を綺麗にするために一手間加えようと思います。

キャラクターの基本の色を塗ったレイヤーを選択し、肌の部分を「自動選択ツール」で選択します。

選択範囲が適用されている状態で、先ほど作成した影レイヤーを選択します。レイヤーの「透明度を保護」をチェックし、自然な影色で塗りつぶします。

⑫ 手描きでペンで塗ってもいいのですが（透明度保護を設定してあるため、消しゴムで消している部分は描かれません）、せっかく綺麗に色分けをしているので、それぞれの色を選択してから作業したほうが綺麗に仕上げやすいと思います。
色が1回で決まらない場合、レイヤーウィンドウの「…」をタップし、「フィルタ」を選択。そこから「色相」を選択し、好みの色に調整してもよいと思います。
影の色が綺麗になり、同一色で影を塗るよりも明快な色彩になりました。

⑬ 先に同一色で影を決めずにはじめから影色を塗っても、もちろん大丈夫です。ただし最初に大まかな影を作っておいたほうが、全体のイメージを掴みやすいと思います。

全体の様子を見ると、基本色をグレーで塗っていた部分にもっとメリハリが欲しくなったので、選択して色の補正をし、濃い色に変更します。
作業しやすいように、画面を左右反転しました。

⑭ 同じように、武器パーツにも影を付けていきます。金属部分は反射の強いものにしようと思います。

作業をするのは線画レイヤーで、最も黒くしたい部分に黒でベタを入れます。

⑮ 基本的な作業はキャラクター本体のときと同じです。影とハイライトをくっきり入れて、キラキラ輝くような質感を作っていきます。

⑯ 立体的にするために、影用のレイヤーをもう1枚作り（図中の「shadow2」）、先ほど入れた影を調整しながら、新たな影を加えます。ここでは絵を拡大し、暗い部分の要所をおさえていきながら進めました。
レイヤーが多すぎるのが気になる場合は、レイヤーウィンドウの「…」から「下に統合」を選択すると、現在選択しているレイヤーの直下にあるレイヤーが現在のレイヤーに合成されます。この段階で、基本色と基本の影レイヤーは統合されています。

キャラクター着彩

⑰ 影を入れたことで、画面が締まった印象になったと思います。

TIPS　影の拾い方：まず基本の色をスポイトで拾います。次に、カラーサークルの少し斜め右下の位置にある色を拾うと、いい影色を選択できると思います。

⑱ もう一方のキャラクターと背景にも同じように色を載せていきます。

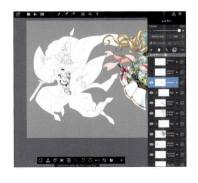

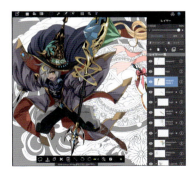

⑲ 影のペンタッチが粗くなって気になる場合は、指先ブラシを使ってなじませてしまうのも手です。

イラスト編

CHAPTER 06 背景オブジェクト着彩

キャラクターと同じ方法で、背景のパーツにも色を着けていきます。MediBang Paintの持つ多くの機能を活用することで、より世界観に近いイメージ表現が可能になります。効果的な機能の使い方を含めて解説していくので、ぜひ自分の作品づくりの参考にしてください。

① 背景オブジェクトも、基本的にキャラクターと同じような進め方で色を塗っていきます。今回はリアルな風景というよりも、キャラクターを引き立てる飾り枠のような、装飾的なイメージに近い絵に仕上げていきます。

② ひとまずすべてのパーツに色を載せていきます。

③ 中央の丸いパーツの模様を見ると、ラインが黒で描かれています。気になるので、色のラインに変更しようと思います。

模様の描かれているレイヤーが保持されているのを利用します。このレイヤーを選択して「透明度を保護」にチェックを入れます。

背景オブジェクト着彩

この状態で任意のペンで塗ってみると、絵が描かれていない部分がロックされた状態になり、図のように線が塗り色で塗りつぶされます。細かい部分の線だけ色を変更したい場合に便利です。

④ 模様の中の線と線の間に「バケツツール」で差し色を追加しました。

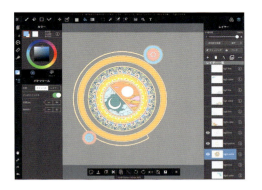

「バケツツール」で塗りづらい部分は、ペンを使います。

⑤ ラフから基本色を全部拾い終えたので、この段階で、キャラクターと背景も含めてカラーラフの描かれているレイヤーは削除してしまいました。なお線画と色のレイヤーはまだ分かれています。また右の画像は、塗りのみ表示した状態です。

⑥ 雲イメージも線の色を変えて、見た目の印象を軽くしてみます。広範囲で色を変更をしたい場合は、先ほどのようにペンを使わずに、塗りつぶしたレイヤーを使うこともできます。

色を変更したいレイヤーの上に、新規でカラーレイヤーを追加します。

⑦ レイヤーウィンドウの「クリッピング」をオンにして、対象をレイヤーにした「バケツツール」を使い、レイヤー全体を色で塗りつぶします。すると線画が、その塗りつぶしたレイヤーの色に変更されます。

色のレイヤーと線画はそのまま合成してしまいます。

⑧ 次に、花のパーツを塗っていきます。

⑨ ブラシを「水彩（ウェット）」にして進めてみます。

設定は随時数値を調整していきますが、基本的にはデフォルトの設定で進めて問題ないと思います。

「混ざりやすさ」の値を大きくすると、もともとレイヤーに塗ってある色を混ぜながら塗ることができます。この値を減らすと、不透明な塗りに近くなります。塗る対象に合わせて使いわけていきます。たとえば、画像に描かれている赤い線で、上の方は「混ざりやすさ0」、下は「混ざりやすさ100」です。

⑩ はじめにはっきりした影で立体感をつけたいと思います。キャラクターの時と同じようにグレーで影をつけていきます。進め方はやりやすい方法で大丈夫です。最初に雑に影を置いてから、後で消しゴムなどで削って調整することが多いです。

⑪ 少しデザイン的な雰囲気に近づけたいので、花のパーツの外側をふちどるように輪郭線で強調してみます。

パーツを「自動選択ツール」で選択します。選択されなかった部分は「追加」にチェックした状態でタップし、選択範囲を追加します。

「選択範囲メニュー」から「選択反転」を選択し、選択範囲を反転させます。

同じメニューの中に、「選択境界の描画」という項目があります。これを選択すると、選択範囲の描画の設定ウィンドウが表示されます。この例では「境界線上 の線の太さ」を「6px」にして「完了」を選択しました。このようにパーツ全体のいちばん外の部分にのみ線が引かれ、ふちどりしたような絵になります。

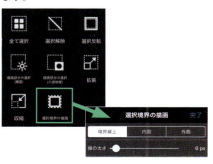

⑫ よけいな部分に線が引かれてしまった場合は消しゴムで消します。
後から修正がきくように、念のためレイヤーを新規に追加してから作業することをおすすめします。

⑬ 引き続き他の花も塗り込んでいきます。部分によって線の色変更も使い、自然な仕上げに近づけていきます。

⑭ 「水彩（ウェット）」で塗り込んで行きます。「混ざりやすさ」や「色補充」「不透明度」の数値を随時調整しながら、立体感を出して行きます。花は基本的にはやわらかいタッチで進めたほうがよいですが、最も濃い影になっている部分ははっきり際立たせたほうがうまく仕上がると思います。

⑮ ある程度塗り込んだ絵に、先ほどのふちどりを表示させた状態です。

背景オブジェクト着彩

⑯ 花の色をもう少し明るくしたいと思います。塗りと線画のレイヤーを複製し、その2つを統合して新しいレイヤーを作ります。レイヤーのモードは「オーバーレイ」にします。

⑰ 次にレイヤーウィンドウの「…」から「フィルタ」を選んで「ガウスぼかし」を選択し、値を40にします。このままだとちょっと明るすぎるので「不透明度」を70パーセントに調整します。

より自然な感じになったと思います。

上から「オーバーレイ」を重ねる方法は、あまり多用するとせっかくの影が飛んでしまうこともありますが、このように色が沈んでしまった時に使うと見映えがよくなります。

⑱ かなりレイヤーが増えてきたので、だいたい手の入ったものはレイヤーフォルダにまとめておこうと思います。これは任意のタイミングでかまいません。

レイヤーウィンドウの「+」から、「フォルダー」を選択すると、レイヤー一覧にフォルダのアイコンが追加されます。

後でわかりやすいように、このフォルダの名前は「flower」に変更しておきます。

⑲ レイヤーの順序を替えるための「↑↓」アイコンをタップし、フォルダに入れたいレイヤー名の右側の「≡」のアイコンをタップします。
「フォルダ配下に入れますか？」という表示が出るので「OK」を選択すると、右下の図のように少しサムネイルがずれたような表示になります。

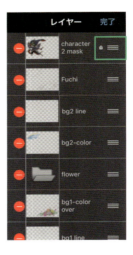

㉠ さらに追加したい場合は、そのまま「三」をつかんでドラッグし、フォルダの直下に移動させれば格納されます。フォルダ内で上下の移動も可能です。

㉑ 「完了」をタップするとフォルダにレイヤーが格納された状態になります。フォルダに入ったレイヤーは、まとめて移動させたり拡大縮小できます。

花のパーツはこれでいったん完了です。続けて他のパーツも仕上げていきます。

㉒ レイヤーの「水彩境界」をオンにし、「強さ100％」にすると濃い線で（左図）、強さを下げると色の弱い線で、描画色に準じた縁取りのような絵が描けます。

 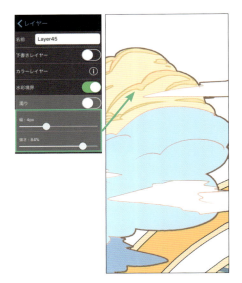

使い方次第でいろいろとアレンジのきく機能です。ここではひとまず「5px」「強さ100％」としています。
数値は「水彩境界」を適用中は、後でも変更できて便利です。

㉓ 次に、雲のパーツの色彩に少し変化をつけていこうと思います。
メニューバーから四角にグラデーションで塗られた「グラデーションツール」のアイコンを選びます。

背景オブジェクト着彩

グラデーションの形は「線形」（ドラッグした方向にグラデーションが作られる）と、「円形」（ドラッグを開始した起点を中心にグラデーションが作られる）から選べます。
「前景」にチェックをすると、直下のレイヤーもしくはもともと塗られていた部分を完全に塗りつぶさず、描画色から透明色までのグラデーションを作ることができます。

レイヤーを追加してオーバーレイに変更したあと、この色がだんだん透明になるグラデーションを使って任意の位置でドラッグすると、図のようにニュアンスカラーを追加することができます。

Reference 23

■ グラデーションツール

キャンバスをドラッグするだけで、グラデーションを作成できます。グラデーションはレイヤー全体にかかりますが、後述する選択ツールであらかじめ範囲を決めておけば、その部分だけにグラデーションをかけることができます。
グラデーションの設定は以下の通りです。
「線形」と「円形」：線形は縦方向（図左）、横方向（図中）といった、ドラッグした方向に向かって色が変化していきます。円形（図右）は、タップした始点を中心にグラデーションが広がっていきます。
「前景～背景」と「前景」：「前景～背景」は、ドラッグの始点が前景色に、終点が背景色になるグラデーションです。「前景」はドラッグの始点が前景色に、終点が透明になります。
水平・垂直に操作：オンにすると水平および垂直方向にだけグラデーションをかけられます。斜め方向にグラデーションをかける場合はオフにします。

下図は前景色を赤、背景色を黒にした場合のグラデーションの例です。矢印はドラッグした軌跡です。

線形（縦方向）
前景～背景

線形（縦方向）
前景

円形
前景～背景

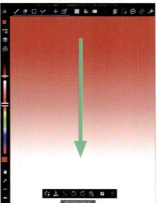
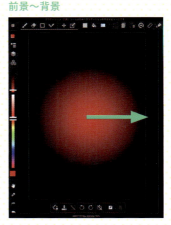

㉔ 中央の円形パーツに金属の質感を加えてみます。まず塗りたい部分の色を選択します。

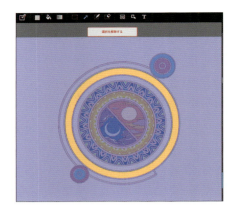

㉕ 先ほど説明した「前景」(色→透明)「円形」のグラデーションを重ねます。

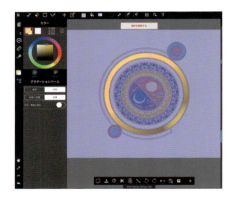

㉖ 「オーバーレイ」のレイヤーを重ねてハイライトを描き入れて、メタリックな質感に仕上げます。

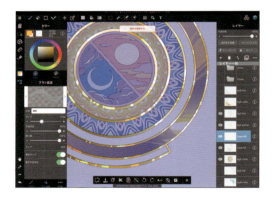

㉗ ハイライトは基本の色を選択したまま、グラデーションのいちばん明るいところを基準に、はっきりと感覚的に入れていきます。荒くなってしまった所は指先ツールでなじませます。

このように反射の強い素材を塗るときは、ハイライトと影色は思い切りのいい載せ方をしたほうが、見映えがよくなると思います。

㉘ 丸いパーツはつるんとした宝石のような感じにします。先ほどのようにグラデーションを載せてから、ハイライトと影を入れていきます。

ちなみにこのパーツのハイライトや影は、「水彩（ウェット）」で進めています。

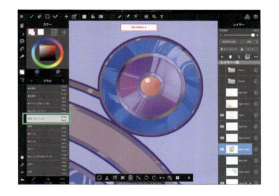

㉙ 線画レイヤーの「透明度」を保護し、各所をペンで白く描いて色変更して、際の部分が反射しているような表現を加えます。この段階で、花パーツでも追加した縁取り線も作ってあります。

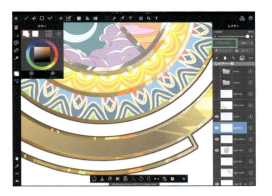

㉚ 円形のパターンの描かれたレイヤーを利用して、少し質感を足してみようと思います。

パターンの描かれたレイヤーを複製し、上部メニューバーの「拡大縮小」を選択、金色の枠に被るように拡大します。

㉛ レイヤーモードを「ソフトライト」に変更し、余分な所を「消しゴム」か「投げ縄ツール」で囲って、メニューバーの「編集メニュー」から「切り取り」を選択し、カットします。

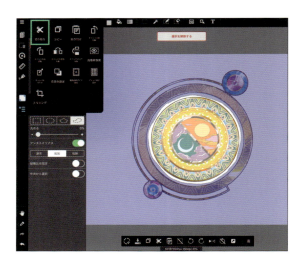

これはあとで調整する可能性があるので、統合せずに別レイヤーで取っておきます。

この段階の全体図です。

㉜ 炎と氷（水晶）のパーツも、以上の手順を繰り返して質感を増していきます。

㉝ 氷（または水晶的なイメージ）はこのように色分けごとに選択し、「グラデーションツール」で大まかに影をつけます。

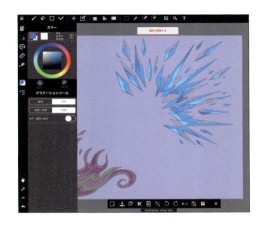

㉞ ハイライトを斜めに、はっきりとしたラインで入れていきます。「水彩（ウェット）」ブラシで「不透明度」を100にして使用しています。

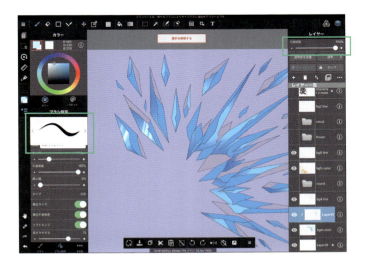

上からさらに「オーバーレイ」のレイヤーで
ニュアンスカラーのグラデーションを重ねる
と、綺麗な色になります。

これでキラキラした質感になりました。

㉟ 炎のパーツは、はっきりとしたハイラ
イトをあまり入れず、色ごとに選択し
て全体的にグラデーションで色を載せて仕上
げていきます。

㊱ 仕上げに色のレイヤーを複製し、「オーバーレイ」のレイヤーを載せて、「ガウスぼかし」をかけて少しぼんやりさせます。

縁取りも作りましたが、まだ現段階ではこれで終了とせず、念のためレイヤーを統合させずに取っておきます。

㊲ 新規レイヤーを作り、レイヤーモードを「覆い焼き」にし、画面中央にグラデーションで色を置いて、少し明るめの変化を持たせます。

ひとまずこれで背景素材は完了とします。

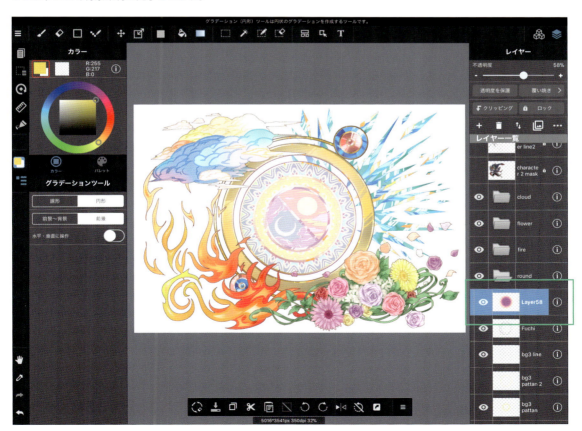

> イラスト編
>
> CHAPTER
> 07 キャラクター加筆仕上げ

いったん色を塗り終わっても、細かい部分を見ていくとさらに手を加えたいと思うこともあるはずです。ここでは、イラストに深みと立体感を出す方法をご紹介します。デジタルなら何回でもやり直しが可能なので、ぜひチャレンジしてみてください。

① キャラクターにさらに手を加えていきます。現状は、かなりはっきりした明快な塗りになっていますが、修正を加えつついわゆる「厚塗り風」の仕上げにしていこうと思います。
せっかく線画がありますので、それをガイドにして仕上げていきます。

まず、線画の色を変更します。

背景パーツの時に行った手法で、線画レイヤーの上に新規レイヤーを追加してクリッピングし、そのレイヤーをブラウン系の色で塗りつぶし、線画全体の色を変更します。

② グリーンの布や青い布の部分は、別途ペンを使って色を載せていきます。
線画レイヤーのモードは「乗算」にし、「透明度」を50%程度にして、できるだけ塗りの色に馴染むような色に調整します。この色はそれぞれのパーツにおける、いちばん暗い色の参考とします。

③ このあと線画をつぶすように上から描き込んでいってしまうため、線画と塗りのレイヤーを統合します。影をさらに強くするために、再びレイヤーを重ねて、グレーで全体的に影を入れていきます。

④ 全体に手が入って立体感が出たら、このグレーの影の描かれたレイヤーに「エアブラシ」を使って、パーツの色に合わせたニュアンスカラーを載せていきます。

たとえば青い部分には青を軽く載せていき、自然なグラデーションになるようにします。このときペンの透明度は低くして、ほんのり色が着く程度にとどめておきます。

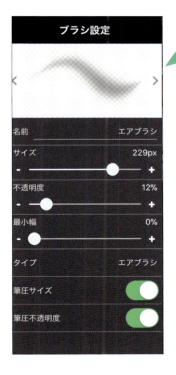

⑤ もう一方のキャラクターにも同じ処理をしておきます(武器の描かれているレイヤーはまだ統合していません)。

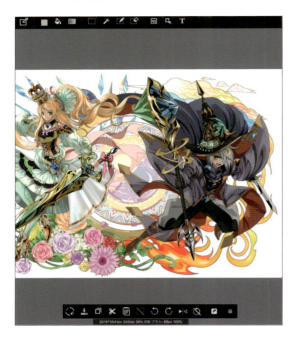
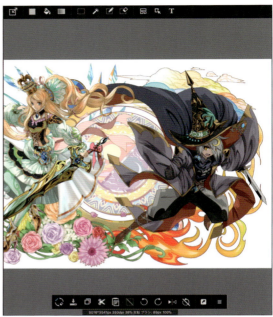
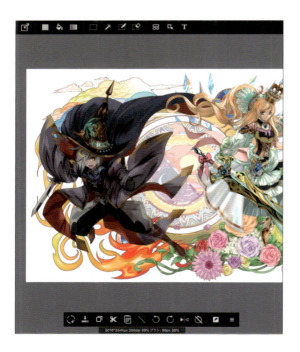
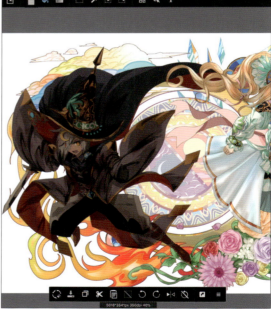

⑥ さらに色を理想の形に近づけていこうと思います。

背景オブジェクトの仕上げでも行いましたが、キャラクターのレイヤーを複製して元のキャラクターレイヤーに「クリッピング」し、レイヤーモードを「オーバーレイ」にします。レイヤーフィルタを「ガウスぼかし」（値は50）に設定して、レイヤーの「不透明度」を70にし、直下のキャラクターレイヤーと統合します。

キャラクター、武器含む全てにこれを適用します。この色を基本にさらに描き込んでいきます。

⑦ ここまでの段階の全体図です。

⑧ ブラシは「水彩」を使っていきます。元のイラストの残せる部分は残し、場合によっては上から塗りつぶしたり混ぜ込んだりしながら、加筆したいところはしっかりと加筆します。

⑨ 「水彩」ブラシは、「混ざりやすさ」の値や不透明度を調整することによって、幅広い表現ができるのでおすすめです。筆跡が気になる場合は「指先」ブラシでなじませていきます。

⑩ 金属部分にハイライトを入れたら、上にもう1枚レイヤーを作り、モードを「加算（発光）」に変更します。

⑪ 光らせたい部分に黄色系の色を置き、さらに輝きを追加します。
他のパーツにもこのように色を載せていくとおもしろいと思います。

⑫ 同じような手順で、もう一方のキャラクターも仕上げていきます。

⑬ メタリックな素材や宝石のようにキラキラした素材は、一度、色をエアブラシでなじませてから、ハイライトを強めに入れていきます。

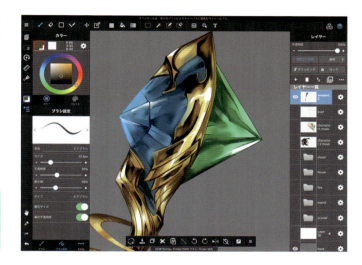

> **TIPS** メニューを選ぶと表示されるサブツールメニューのウィンドウは、キャンバス上のどこにでも配置できます。メニューバーを手でタップして左右どちらかにずらすと移動できます。

⑭ レイヤーを追加して、レイヤーモードを「加算（発光）」にすると、発色のいいハイライトが入れられます。

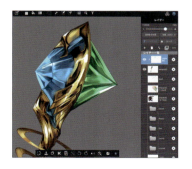

(15) 以下、女性キャラクターと同様のプロセスで男性キャラクターも加筆を進めます。下の図を参考にして、作業を進めてください。

(16) 最後に全体のバランスを見て、背景オブジェクトやキャラクターのサイズ、配置などを微調整します。

真っ白な背景にグラデーションで色を入れて、一旦仕上げとします。

Reference 24

ドットツール

キャンバスをピンチアウトして600%以上に拡大すると、マス目が表示されるようになります。これがピクセルグリッドで、ドットツールを使うと、ピクセル単位でドットを描画できます。一度に描画するピクセル数は、1〜3ピクセルまで選べます。

細い線を正確に描くことができるので、細部を描き込む際に便利です。

右下の図は上がドットツール（1 px）で描いた線、下がブラシツール（ペン）で描いた線です。

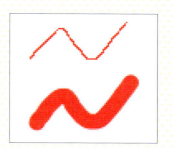

Column

Retina表示とドット

タブレットも含めたパソコンのディスプレイ（モニタ）に表示された画像を虫めがねで拡大して見ると、細かな点の集まりであることが分かります。この点を「ドット」と呼び、一つひとつが最大1677万7216色を発色して、画像データを再現します。
一方、（正確にはビットマップ形式の）画像データも、絵を細かな点の集まりとして保持し、この点の最小単位を「ピクセル（画素。pxと略される）」と呼びます。画像データにピクセルがいくつ含まれているかを表す単位が「解像度」です。たとえば解像度1920 × 1080 pxの画像データは、横に1920個、縦に1080個の点を並べて絵を表しているデータです。画像データをディスプレイで表示するとき、かつては、1ピクセルを1ドットで表現していました。しかし、Appleの独自規格であるRetinaディスプレイが登場して依頼、1ピクセルが縦横それぞれ通常の2倍以上のドットで表現されるようになりました。Retina規格に合わせて高い解像度の画像データを準備すれば、より細かい表現ができるようになります。
右図はスクリーントーンをRetina表示した場合（上）と通常表示した場合（下）の比較です。

イラスト編

CHAPTER 08 エフェクト追加と仕上げ

メディバンペイントには、図形の変形機能や効果線の追加など、さまざまなエフェクトがそろっています。使いこなせるようになれば、作品がより魅力的になることは間違いありません。ここでは、エフェクトを利用して作品の最終的な仕上げを行います。

① MediBang Paintでは、無料で使えるブラシがたくさん用意されていて、ダウンロードして使うことができます。これらを使ってエフェクトを追加してみましょう。

まず少年魔導士（男性キャラクター）の服に模様を追加します。「水彩」ブラシを不透明度100、混ざり具合0にして、ベタに近いブラシで模様のベースを描きます。

② 服は左右対象なので、流用できる模様は使います。複製したい模様を「選択ツール」で選択し、「編集メニュー」の「コピー」を選択します。次に「貼り付け」を選択すると、同じ場所に先ほどコピーした模様が複製されます。続いて「キャンバス左右反転」を使って場所を調整します。

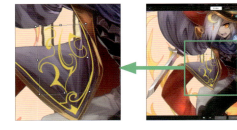

③ 自然な形になるように形を整えます。「変形ツール」の「メッシュ変形」を選択するとメッシュの頂点ごとに変形できるようになります。

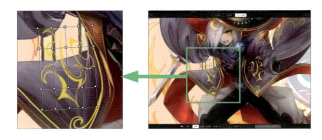

④ 模様のレイヤーを「クリッピング」して絵となじませます。

104

エフェクト追加と仕上げ

⑤ レイヤーの「透明度を保護」し、模様の影の色をブラシでざくざく入れていきます。

以上でキャラクターの完成です。

⑥ 次に、絵にエフェクトを追加して、迫力を増してみましょう。

少年魔導士キャラクターの手前に、ブラシで魔法の軌跡のような線を描き入れ、さらに魔方陣も入れたいと思います。
これらも背景の模様を流用します。統合せずにとっておいた背景パーツから、模様部分のレイヤーを複製して、レイヤーの表示順序をいちばん上にします。

⑦ 変形させて、杖の周りにくるように位置を修正します。

⑧ 余計な部分を消しゴムで消して、魔法エフェクトっぽくします。
こちらのレイヤーモードは「オーバーレイ」です。

⑨ さらにそれらを複製して「ガウスぼかし」して下に重ねると、ぼうっと発光しているような効果になります。
こちらのレイヤーモードは「加算（発光）」です。

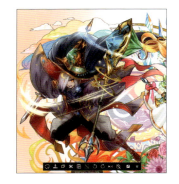

⑩ 「集中線ブラシ」（ダウンロード素材）を使ってちょっと背景に変化を加えます。サイズを調整し、集中線を入れたいところをなぞるように描くと、筆跡に沿って図のような線が引けます。ブラシ設定の「外側へ」にチェックを入れると、このように外向きの集中線が描けます。

⑪ 「キラキラブラシ」（ダウンロード素材）で、ランダムなキラキラを追加してみます。キラキラの幅はそんなに狭くしないほうがそれっぽくなると思います。

⑫ 再度、背景パーツの明度などを調整して作品の完成です。

Column

アノテーションの操作

MediBang Paintは、クラウド上でチーム共有されているイラストにコメントを付ける機能を備えていて、まとまった一連のコメント群を「アノテーション」と呼びます。操作手順は以下の通りです。

① キャンバス画面のメインメニューで「アノテーション」を選択。

② アノテーションモードに切り替わるので、新しくアノテーションを付けたい場所をタップ。「アノテーション新規追加」ウィンドウが表示されたらコメントを入力し、「送信」をタップします。

③ アノテーションパネルが開き、入力したコメントが表示されているのが確認できます。以降、このアノテーションにコメントを追加する場合は、パネル下部のウィンドウに入力して「送信」をタップします。「無効」をタップするとコメントは追加できなくなり、イラストを上書き保存した時点で、そのバージョンからアノテーションが削除されます。

※「無効」にしたアノテーションは、上書き保存する前であれば、「有効」に戻せます。

※アノテーションは自動保存されるイラストのバージョンごとに保存されるので、現バージョンで削除されたアノテーションも、上書き保存する前のバージョンには残っています（イラストの「バージョン管理」についてはP118のコラム参照）。

④ 投稿されたコメントは、そのイラストを共有しているチームメンバー全員に送信されます。図はチームメンバーのうち、コメント投稿者とは別のメンバーのプロジェクト一覧です。アノテーションが付いたイラストにはそれを示すアイコンが表示され、新たにコメントが投稿されると「新着コメントあり」という表示が出ます。

⑤ 投稿されたコメントに返信する場合は、③と同様に、パネル下部のウィンドウに入力して「送信」をタップします。パネル上の自分のコメント横にある「ゴミ箱」アイコンをタップすると、コメントを消去することができます。

⑥ アノテーションモード画面の右上にある「…」をタップすると、アノテーションをコントロールするためのメニューが表示されます。また、アノテーションアイコンの色の意味は以下の通りです。

マンガを上手に描くための
テクニック満載だよ！

マンガ編

唐牧輝さんが本書のためにマンガを描き下してくれました。コマ割り、吹き出し、トーン素材などマンガの技法がてんこ盛りです。チーム制作についても解説します。

※マンガ編の説明は以下のバージョンを用いています。
・iPad版MediBang Paint：Version14.1

CHAPTER 01
チーム作成 ……………………… 110

CHAPTER 02
キャンバス作成 ………………… 112

CHAPTER 03
ラフ（ネーム） ………………… 113

CHAPTER 04
下書き …………………………… 116

CHAPTER 05
コマ割り ………………………… 119

CHAPTER 06
吹き出し ………………………… 125

CHAPTER 07
セリフ …………………………… 126

CHAPTER 08
ペン入れ ………………………… 130

CHAPTER 09
スミ（ベタ）入れ ……………… 134

CHAPTER 10
スクリーントーンと仕上げ …… 136

Manga

唐牧　輝
(から　まき　てる)

井上アート事務所所属。デザインからゲーム・動画等、マルチメディアディレクション兼イラストレーション業務等を幅広く行う。東京学芸大学教育学部美術科卒。過去にマンガ家アシスタントや短期連載等有。Mac使用歴20年

> マンガ編

CHAPTER 01 チーム作成

マンガの制作にはクラウドを活用すると便利です。仲間とチームを作り、「ネーム担当」「ペン入れ担当」「仕上げ担当」など、複数人で作業を分担してひとつの作品を仕上げることができます。それぞれが得意分野を担当することで、よりクオリティの高い作品を仕上げることにつながります。

① クラウドを活用するには、事前にチームを作成する必要があります。
ホーム画面下の「MediBang!」のロゴをタップしてウェブサイトにアクセスし、自分のIDでログインします。
ウェブサイト右上の「≡」メニューをタップするとプルダウンリストが表示されるので、「クリエイターズ」の文字を選択し、「メディバンクリエイターズ」のページに移動します。

② 「メディバンクリエイターズ」の「Myチーム」ボタンをタップします。画面上部の「チームをつくる」をタップし、好きなチーム名を入力して「チーム結成！」ボタンをタップすると、チームが作成できます。

110

チーム作成

③ チームを作ったら、次にチームに参加してほしいメンバーを招待します。
チーム名をタップして、チーム画面を開きます。画面左上の「∨」をタップして出てくるメニューから「メンバーを招待」を選び、表示されるウィンドウに招待したいメンバーのニックネームを入力します。
次に「招待する」をタップすると、そのメンバーあてにチームへの参加を促すメッセージが送られます。

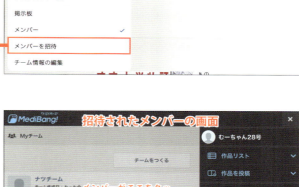

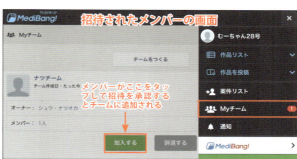

④ 「招待」メッセージがメンバーに届くと、メンバーの「メディバンクリエイターズ」のプルダウンメニューの「Myチーム」に、通知が届いたことを知らせる赤いマークが付きます。メンバーが自分のメニューから「Myチーム」をタップして開き、「加入する」をタップすると、チームに追加されます（右図上は招待したメンバーの画面）。
追加されたメンバーの名前をタップすると、そのメンバーのプロパティ画面が開きます。ここからメンバーをフォローしたり、フレンズ申請やメッセージを送ることができます。
メンバーをチームからはずす場合は、メンバー名の右端にある「脱退」をタップします。

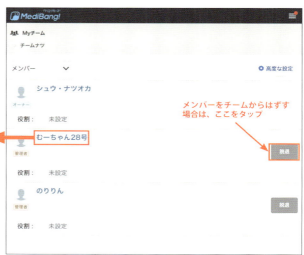

> マンガ編

CHAPTER 02 キャンバス作成

漫画制作用のキャンバスを作成します。MediBang Paintには、イラストとマンガに分けて、一般的によく使われる原稿サイズのキャンバスが、あらかじめ複数用意されています。その中から仕上がりイメージに近いものを選びましょう。

① MediBang Paintのトップ画面の「描いてみよう」から「新しいキャンバス」を選択し、表示されるポップアップから「新規作成」を選びます。

② 原稿サイズのフォーマットが表示されるので、その中から「同人誌（A5仕上がり）：600dpi」を選択し、漫画を描いていくキャンバスを作成します。

MEMO 枠幅などは自由に設定することもできます。ただし、「ジャンプPAINT」にはこの機能はありません。ジャンプ指定のマンガサイズの中からキャンバスを選びます。

112

マンガ編 CHAPTER 03 ラフ（ネーム）

マンガ制作の最初の作業として、「ラフ（ネーム）」を作成します。ラフとは、大まかにコマを配置し、どのコマにどのような絵やセリフを入れていくかという構成を描いた、マンガの設計図のようなものです。フリーハンドでざっくり描きましょう。

① まず、ラフ（ネーム）用に、画面左側のレイヤーボタンを押し新規レイヤーを追加します。

② 次に画面上のツールメニューからブラシツールを選択し、表示されたウィンドウから「ペン」を選択します。線を描画する際は基本的に「ペン」を使用します。

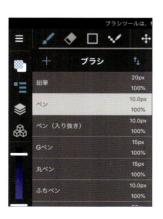

③ ブラシの太さの調節等は、ブラシツール選択時に画面下部に表示される「ブラシ設定」ボタンを押すとブラシ設定ウィンドウが現れるので、そこで行えます。

④ ペンの色はあらかじめカラーウインドウから任意の色を選択し、パレットウインドウに登録しておくと便利です（P71の **Reference21**参照）。

⑤ キャンバスに直接絵を描いていきます。また、修正で線を消したい場合はツールバーの「消しゴムツール」を選択してください。

⑥ 2ページ分のラフ（ネーム）が完成しました！

114

ラフ（ネーム）

⑦ 作業が終了したらメインメニューから「新規保存」→「クラウドに新規保存」を選びます。デフォルトだと保存先が「個人用スペース」になっているので、作成したチーム名を選択して「完了」をタップして確定させます。
次にタイトルやノートを記入し、右上の「完了」をタップすると、作画したラフはクラウド上の当該チームのイラストとして保存され、参加メンバーが自分の端末からファイルにアクセスできるようになります。

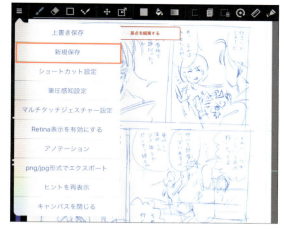

MEMO イラストのタイトルはデフォルトだと「UNTITLED」という文字が入っています。このままでも保存できますが、分かりやすい名前に付け替えて保存しましょう。

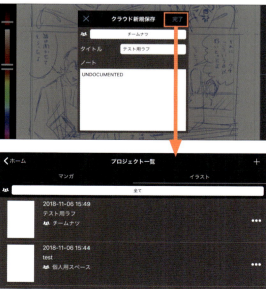

> マンガ編

CHAPTER 04 下書き

ネームを参考にしながら、絵の下書きを進めます。ざっくりと描かれているラフを、下書きでは、もう少ししっかりした線で描かれた絵にしていきます。ラフとの違いがわかるように、下書きの線はラフの色とは違うものにしておきましょう。

① ツールメニューからレイヤーを選択し、「＋」ボタンを押して下書き用に新規レイヤーを追加します。

② 「設定」ボタンを押すと属性ウィンドウが開くので、そこでレイヤー名を「下書き」と入力し、「下書きレイヤー」を選択します。

③ 下書きレイヤーに設定するとレイヤー横に赤い「🚫」のアイコンが表示され、「選択範囲」を指定した際などで、他のレイヤーに影響を与えないレイヤーとなります。

④ 「ネーム」を参考にしながら、ラフと同様にブラシツールの「ペン」を使って下書きを描いていきます。その際、「ネーム」レイヤーの不透明度のバーを調整してネームの表示を薄くしておくと、下書きとの区別がつきやすくなります。

⑤ 下書きの完成です！

Column

クラウドによる共同作業

マンガや同人誌など複数のページが含まれる作品を何人かのメンバーで共同制作する場合に、クラウド機能は大変役に立ちます。利用手順は次の通りです。
① まずチームを作成します（P108参照）。
② 次にホーム画面の「オンライン」（iPad）／「マイギャラリー」（Andorid）を選び、「マンガ」一覧を表示します。ここで右上の「＋」をタップして「新規プロジェクト」を追加します（P28 ③ 参照）。
③ 新規プロジェクトの設定画面では、共同制作するチームを選びます。また、「∨」をタップしてページ配置や原稿サイズなどの詳細を設定します。
④ 新規プロジェクトでは自動的に白紙ページが4ページ作られます。各ページをタップすると白紙のキャンバスが開くので、作画作業を始められます。プロジェクトへ「新規ページ」を追加するときは、右上の「＋」をタップします（P28 ④ 参照）。
⑤ 1つの「マンガ」プロジェクトには複数のページが含まれていて、各ページがそれぞれ1つのキャンバス（＝絵）と紐付いています。キャンバスの絵は、クラウドに更新（上書き）保存しても前のバージョンが自動的に保持されるしくみです。ページ一覧の右端にある「…」をタップして「バージョン管理」を選ぶと、以前のバージョンを開くことができます。

コマ割り

05 コマ割り

ネームを見ながら、コマを作成します。コマを作成するには「コマ割りツール」を用います。コマは作成した後でも変形や拡大・縮小が可能なので、ストーリーを生かしながらコマに強弱をつけるなど、いろいろな工夫をしてみてください。

① コマ用に新規レイヤーを追加します。

② ツールバーから「コマ分割ツール」を選択します。

MEMO ポートレイト（縦長）画面では「ツールバー」は全部表示されません。区切り線より左側のエリアを左にスライドさせると隠れているツールのボタンが表示されます。

③ 「コマ分割ツール」の「＋」をタップすると「新規のコマ素材」のダイアログが表示され、ここで、コマの線幅を指定できます。コマは自動分割されますが、今回は外枠がひとつなので、横分割縦分割、どちらも1を設定します。

④ このときの描画色は黒にしておきましょう。

コマ割り

Reference 25

🗂️ コマ割りツール
➤ 操作ツール

マンガを描く場合のように、コマを割る必要があるときに使います。まず「新規のコマ素材」設定メニューで、大まかなコマ割りやコマの線の幅などを決定して完了を押すと、自動的にコマ割りができます。そしてこのコマをさらに分割する際には、分割するコマの外側をタップし、分割する方向に線を引きます。そのとき、線が完全にコマの外まで延びていないとコマが割れないので、注意してください。また、水平方向、垂直方向にコマを割る場合には、コマを選択して再度コマ割りツールを使えば、自動的にコマが割れます。さらに、コマの操作ツールを使うことで、コマの拡大・縮小、変形や移動を行うことができます。

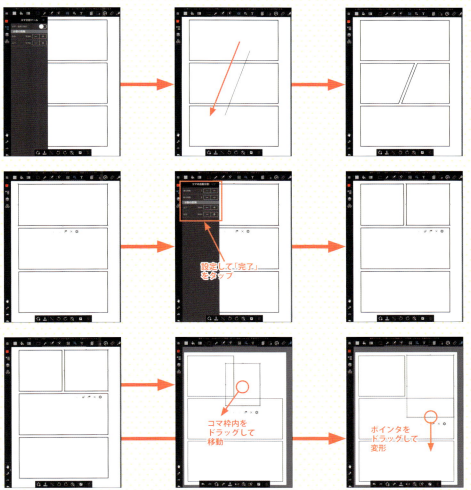

121

⑤ コマが引けました。

⑥ コマの大きさは、ツールバーで「選択ツール」を選び、コマの□マークをドラッグすることで変えられます。

⑦ 次にコマ素材を実際の漫画のように、コマごとに分割していきます。
まず、コマ分割ツールの「分割の間隔」で、コマの間隔を決めます。

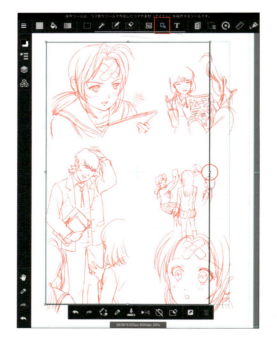

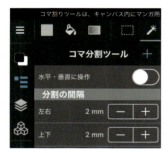

⑧ 次に、コマ分割ツールを選択したままドラッグするとコマが分割できます。その際コマの端から端までしっかりとドラッグしてください。

⑨ なおコマを引いた後でも、コマの大きさや線幅は変更できます。
そのときは、コマ割りのレイヤーを選んで、ツールバーで「操作ツール」を選択し、変更したコマをクリックすれば、各種の操作ができるようになります。

MEMO 「操作ツール」は描画以外のものを操作するツールです。コマを操作するほか、アイテムを操作するときにも使います。アイテムについてはP141のコラムも参照してください。

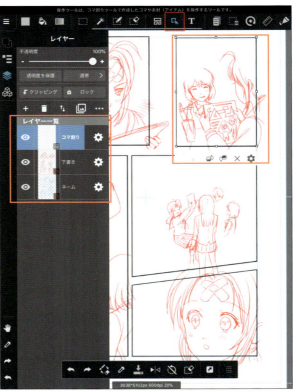

⑩ また、コマ割りのレイヤーを選んで、コマを選択し、レイヤーウィンドウの「…」を押すとコマを「ラスタライズ」できます。ラスタライズによって、コマ素材が画像化され、消すことができるようになります。

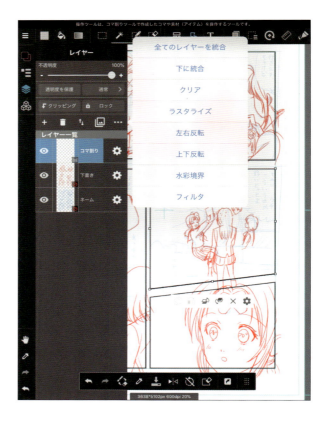

TIPS ラスタライズするとコマの変形などはできなくなるので、変更する可能性がある場合などは、あらかじめレイヤーを複製しておくとよいでしょう。

Column

進化するMediBang Paint

MediBang Paintシリーズはリリース以来たびたびバージョンアップを重ね、本書では2018年10月時点の最新バージョンを用いました（各編の扉参照）。2018年12月中旬のバージョンアップでは、iPad版の「ホーム画面」と「レイヤーメニュー」が変更になる予定です。ホーム画面は左側にメニュー、右側に各項目の内容が表示される仕様になります。レイヤーメニューでは「↑↓」アイコンがなくなり、レイヤーの長押しで上下移動ができるようになります（開発中につき仕様変更の可能性があります）。

リリースノートはMediBang Paintのウェブサイト上で公開されています。
※iPad版：
https://medibangpaint.com/ipad/about/
※Android版：
https://medibangpaint.com/android/about/

iPad版MediBang PaintのVersion15.0は、2018年12月中旬にリリース予定。図は開発中の「ホーム画面」（左）と「レイヤーメニュー」（右）。※変更になる場合があります

マンガ編 / CHAPTER 06 吹き出し

吹き出し

セリフを囲む吹き出し線を描き入れます。吹き出しはフリーハンドなので、セリフや表現したい内容に合わせて、どのような形でも自由に描くことができます。クラウド素材には吹き出しにつかえそうなものも多くあります。ダウンロードして、適当に変形させて使うのもよいでしょう。

① 吹き出し用に新規レイヤーを追加します。

② 「ブラシツール」の「ペン」を使って吹き出しの線を描きます。

③ 吹き出しの線が入りました。

> マンガ編
>
> CHAPTER 07

セリフ

「テキストツール」のキーボードを使って、吹き出しに入れるセリフを書きます。テキストは、フォントやサイズなど自由に設定できます。セリフに合わせていろいろなフォントを試してみるのも面白いかもしれません。テキストはふち色を付けたり、縦に組むこともできます。

① ツールバーの「テキストツール」を選択します。

MEMO ポートレイト（縦長）画面では「ツールバー」は全部表示されません。区切り線より左側のエリアを左にスライドさせると隠れているツールのボタンが表示されます。

② セリフを入れたい箇所をクリックすると、画面上にテキスト入力のキーボードが表示されるので、セリフを入力します。入力したテキストはキーボードの上のテキスト入力ウィンドウに表示されます。
またこのとき、自動的にセリフのレイヤーが作成されています。

③ 入力が終わり、テキスト入力ウィンドウの右上の「完了」をクリックすると、入力した文字とテキストツールが表示されます。必要に応じてフォント、文字サイズなどを設定し、「完了」をタップして確定させます。確定後の文字位置調整などは、セリフの部分を長押しすると、そのままドラッグで移動できます。

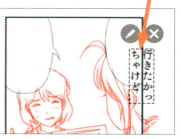

126

Reference 26

T テキストツール

デバイスに表示されるキーボードで、テキストを入力できます。

入力確定後にキャンバス上に表示されるテキストは、サブツールメニューから、ふちの有無や幅、文字サイズ、テキストの配置場所などを調整できます。

縦書きにする場合は、まず通常の横書きでテキストを入力し、入力が終わってからパネルの「縦書き」をタップします。

ふち色・幅の調整

縦書き

移動

④ セリフの上のペンのマークをタップすると、テキストを再編集できます。入力したセリフを削除するには「×」をタップします。

⑤ セリフレイヤーが増えてきたら、レイヤーウインドウで新規レイヤー追加ボタンを押してセリフ用のフォルダを作成し、その中にセリフレイヤーをまとめると見やすくなります。

⑥ セリフの入力が完了しました。

Column

HSVと色の話

タブレットも含んだパソコンのディスプレイは「加法混色」という方法で色を表現しています。これは、「光の三原色」と呼ばれる「赤（Red）」「緑（Green）」「青（Blue）」3色の光源を光らせて色を混ぜ合わせる方法です（右図上）。P71のReference21で説明したMediBang Paintの「カラーメニュー」のうち、④の「色編集」ウィンドウのゲージは、このRGBそれぞれのレベルを調整する機能があります。
「カラーメニュー」には、RGBを用いる以外に「色相（Hue）」「彩度（Saturation）」「明度（Value）」の3要素によって色をコントロールする機能もあります。キャンバス画面左側の「HSVバー」がそれです。「色相」はいわゆる色味のことで、これを環状に並べたものは「色相環」と呼ばれます（右図下）。「彩度」は色の鮮やかさの度合いで、彩度0だと色はグレーになります。「明度」は色の明るさの度合いで明度最大（255）だと白、明度0だと黒になります。RGBもHSVも各要素が256段階（0〜255）に調整でき、かけ合わせて1677万7216色を表現できます。

加法混色
（光の三原色）

色相環

マンガ編
CHAPTER

08 ペン入れ

下書きを清書するのが「ペン入れ」です。絵柄に応じたブラシを選んで、下書きに沿って絵を描いていきます。はみ出したり、間違えたりした線は簡単に消すことができるので、完成に向けてどんどん作業を進めていきましょう。

① ペン入れ用に新規レイヤーを追加し、ツールバーの「ブラシツール」から「ペン」を選択します。

このとき、ブラシウィンドウ下部の「その他」をタップして設定ウィンドウを開き、「アンチエイリアス」をオンにして描画すると線がなめらかになります。チェックを外して描画すると黒1色の線になります。

② ペン入れの線が見やすくなるように「下書きレイヤー」とコマ割りの線を薄く表示させておきます。

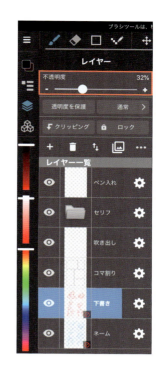

③ 下書きに沿って描画していきます。レイヤーを顔用、髪用、身体用など、別々に作成しておくと、後からの書き直しや調整がやりやすくなります。

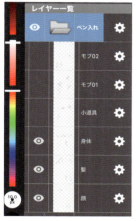

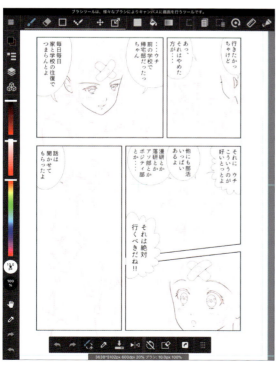

④ 「表示メニュー」の「回転」を使うと、キャンバスを描きやすい方向に回転させることができます。

⑤ 背景にもペンを入れて、ペン入れはひとまず完了。次に仕上げに入ります。

(6) 一連のペン入れが終わったら、コマ割りレイヤーを選択し、不透明度を100%に戻します。

(7) はみ出している余分な線や、不要な背景を消すなどして、絵を整えます。「消しゴムツール」で吹き出しにかかっている背景の絵を消します。

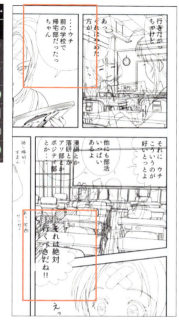

(8) 同様の作業を繰り返していけば、ペン入れの完成です。

マンガ編

CHAPTER 09 スミ(ベタ)入れ

絵の中の黒い部分を塗りつぶすことを「スミ(ベタ)入れ」といいます。塗りつぶしたい範囲を選択して、広範囲を一気に塗りつぶす機能もあるので、効率的にスミ入れを進めることができます。はみ出したり、塗り間違ったりしたときの修正も容易です。

① まず新しく、スミ入れ作業用のレイヤーを作成します（レイヤーの名称は「ベタ」にしています）。その際、描画色は「黒」にし、レイヤーの不透明度を70%くらいにすると、実線との区別がつきやすくなります。

② ツールバーから「ブラシツール」の「ペン」を選択し、黒い部分を描画して塗りつぶしていきます。

スミ（ベタ）入れ

③ 広範囲のベタはツールバーの「バケツツール」を使うと効率的です。サブツールメニューの「拡張」を2ピクセルくらいに設定すると余白が出にくく、効率よく作業ができます。

④ これらの作業を繰り返し、スミ入れの完成です。

> マンガ編

CHAPTER 10 スクリーントーンと仕上げ

スミ入れが終わったら、人物や背景にスクリーントーンを貼っていきます。クラウド上にはさまざまな種類のスクリーントーンがそろっていて、必要なものをダウンロードして使うことができます。最後に全体的な仕上げをチェックして、完成です!

① まずトーン用レイヤーを作成しますが、その際、人物と背景でレイヤーを分けておくと後々便利です。

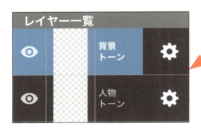

② トーンを貼る範囲をツールバーの「選択ツール」で選択します。その際、「自動選択ツール」を使用すると線で囲まれた部分が自動的に選択されます。選択範囲を解除する場合は、画面上部の「選択を解除する」をタップします。

③ 自動選択ツールで選択された個所以外を選ぶときには、ツールバーの「選択ペンツール」を使って、手作業で囲んでいきます。

スクリーントーンと仕上げ

Reference 27

素材メニュー

MediBang Paintには、画像に貼り付けるアミやスクリーントーンなどが用意されています。これが素材メニューで、メニューバーにある立方体が集まったアイコンをタップすると利用できます。

用意されている素材は、3種類あり、画面下のアイコンから選択できます。

① アミを選べる「タイル」
② 背景やスクリーントーンを選べる「トーン」
③ イラストや図形などを選べる「アイテム」

① 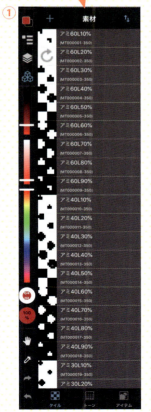   ② 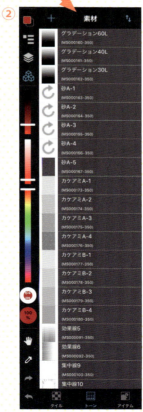   ③

④

素材ダウンロード	クラウドにある素材を一覧できるウィンドウが開きます。好みの素材をダウンロードして利用できます。
画像を選択して追加	デバイスに保存されている画像から使いたい画像を選択できます。
カメラで撮影して追加	デバイスのカメラ機能を使って、画像を追加できます。
キャンバスから追加	キャンバスに描かれている画像を素材化してパネルに登録します。
他のアプリからインポート	他のアプリからもアクセスできるフォルダに保存されている画像を素材化してパネルに登録します。

 必要な素材が見つからないときは「＋」のアイコンをタップすると、素材を追加できます。図は「素材ダウンロード」を選択した例です。それ以外の素材追加については、上の表を参照してください。

⑤ 「タイル」「トーン」は、図柄の回転や拡大・縮小が可能です。図柄の回転、反転、図柄が重なった場合の上下の入れ替え、消去などが行えます。

 「アイテム」は、回転、反転、図柄が重なっている場合の上下の入れ替え、消去などが行えます。

スクリーントーンと仕上げ

④ トーンを貼る部分を選択したら、「素材メニュー」をタップします。素材ウィンドウが表示されるので、下部のトーンアイコンをタップしてトーンを選びます。

新たに素材を追加する場合には、ウィンドウ上部の「＋」をタップし、表示されたメニューから「素材ダウンロード」を選べば、クラウドからダウンロードできます。

⑤ 素材ウィンドウにある、好きなトーンのボタンをタップすると、選択範囲にトーンが貼り付けられたプレビュー画面が表示され、状態が確認できます。問題なければ「完了」をタップして確定させます。

プレビュー画面の下部には「回転」「拡大」のポインターがあるので、確定前であればそれでトーンを回転させたり、柄の大きさを調整できます。

またトーンの範囲は、ドラッグで移動できます。

⑥ これらの作業を繰り返し、まず、人物にトーンを貼り終えます。確定させて配置したトーンはラスタライズされるので、消しゴムツールで消すこともできます。

⑦ 人物が終わったら、同じ要領で背景にもトーンを貼っていきます。

スクリーントーンと仕上げ

(8) 最後にスミ入れ漏れやトーンの貼り残し、はみ出しなどがないかを全体的にチェックして、問題がなければ完成です。

Column

図形、アイテムとラスタライズ

キャンバス上の画像は、次の2種類に分けられます。

① **ラスタ画像**：ブラシや図形描画ツール、塗りつぶしツールで描かれる図形と、「タイル素材」「トーン素材」がこれにあたります。ピクセルの集合であり、消しゴムツールで消すことができます（上図左）。

② **ベクタ画像**：「コマ」と「アイテム素材」がこれにあたります。拡大縮小しても画像が荒れませんが、消しゴムツールや選択消しゴムツールが使えません。加工するには操作ツールを使います（上図右）。

ラスタライズ：ベクタ画像をラスタ画像に変換することを「ラスタライズ」と言います。ラスタライズを行うには「レイヤーメニュー」を開きます。ラスタライズできる「コマ」と「アイテム素材」にはレイヤーにアイコンが表示されます。当該レイヤーを選択した状態で「…」をタップするとサブメニューが表示されるので、「ラスタライズ」を選択します。

索引

H
HSV ······································· 129
HSVバー ······························· 019, 022

M
MediBang Paint ····················· 008, 124

P
png/jpg形式でエクスポート ········· 023, 024

R
Retina表示 ···························· 023, 103

あ
アイテム ·· 141
アカウント登録 ································ 010
　　Android版 MediBang Paint ······· 013
　　iPad版 MediBang Paint ············ 010
　　iPad版 ジャンプPAINT ··············· 013
　　SNSを使ったアカウント作成 ········· 012
新しいキャンバス ························ 015, 026
アップデートのお知らせ ······················ 015
アノテーション ···················· 023, 024, 107

い
移動ツール ···························· 018, 022, 049
インストール ···································· 010
　　Android版 MediBang Paint ······· 013
　　iPad版 MediBang Paint ············ 010
　　iPad版 ジャンプPAINT ··············· 013

え
描いてみよう ···································· 015

お
オンラインから開く ···························· 015

か
カラーメニュー ···················· 019, 022, 071, 129

き
キャンバス画面 ································· 017
　　Android版 MediBang Paint ······· 021
　　iPad版 MediBang Paint ············ 017
キャンバス作成 ································· 112
キャンバス操作メニュー ················ 019, 022
キャンバスを閉じる ···························· 023

く
クラウド同期 ···································· 014
グラデーションツール ············ 018, 022, 087

け
消しゴムツール ···················· 018, 022, 037

こ
公式SNSアカウント ··························· 015
公式サイト ····································· 015
このアプリをシェア ···························· 015
コマ ··· 119
コマ割りツール ···················· 019, 022, 121
コンテスト情報 ································· 016

さ
作品公開 ······································· 026
作品の管理 ····································· 027
作品の公開設定 ································ 015
作品を投稿しよう ······························ 016
サブツールバー ································· 022

し
仕上げ ································ 094, 104, 136
下書き ··· 116
自動選択ツール ···················· 019, 022, 044, 053
自動バックアップ設定 ························· 014
ジャンプPAINT ···················· 008, 009
ジャンプからのお知らせ ······················ 016
ジャンプ漫画賞講座 ···························· 016
ジャンプルーキー！ ···················· 016, 031
終了 ·· 024
定規メニュー ······················ 019, 022, 048
ショートカット設定 ···························· 023
ショートカットバー ······················ 019, 022
新規作成 ································· 026, 112
新規プロジェクト追加（マンガ） ········ 028, 118
新規ページ追加（マンガ） ············· 028, 118
新規保存 ································· 023, 024

す
スクリーントーン ······························ 136
図形描画ツール ··························· 022, 059
スタイラスペン ································· 025
スポイトツール ···················· 019, 022, 071
スミ ·· 134

せ
設定 ·· 024
セリフ ··· 126
線画 ································ 041, 058, 063
前回の続き ····································· 015
選択消しゴムツール ···················· 019, 022, 045
選択ツール ························· 018, 022, 043
選択範囲メニュー ···················· 019, 022, 055
選択ペンツール ···················· 019, 022, 044

そ
操作ツール ························· 019, 022, 121
素材メニュー ······················ 019, 022, 137

た
端末内から開く ································ 015

ち
チーム ··································· 110, 118
着彩 ······································ 069, 078
チャレンジジャンプ ··························· 016

つ
ツールバー ······························· 018, 022
使い方動画 ···································· 015

て
テキストツール ···················· 019, 022, 127
手のひらツール ···························· 019, 020

と
- 同期する …………………………………… 024
- 特別な機能の紹介 ………………………… 015
- ドットツール ………………………… 018, 103
- 取り消し ……………………… 019, 020, 022

ぬ
- 塗りつぶしツール ……………………… 022, 061

は
- バージョン管理 …………………………… 118
- バケツツール ………………… 018, 022, 072

ひ
- 筆圧感知設定 ………………… 019, 023, 025
- 表示メニュー ………………… 019, 022, 045
- ヒントを再表示 …………………………… 023

ふ
- 吹き出し …………………………………… 125
- 不具合を報告 ……………………………… 015
- 不透明度メニュー ………………………… 037
- 太さ調整メニュー ………………………… 037
- ブラシツール ………………… 018, 022, 035

へ
- ベタ ………………………………………… 134
- ヘルプ ………………………………… 014, 024
- ペン入れ …………………………………… 130
- 変形ツール …………………… 018, 022, 047
- 編集メニュー ………………… 019, 022, 066

ほ
- ホーム画面 ………………………………… 014

- Android版 MediBang Paint …………… 015
- iPad版 MediBang Paint ………………… 014
- ジャンプPAINT …………………………… 016
- 保存／上書き保存 …………………… 023, 024

ま
- マイギャラリー ………………… 015, 027, 028
- マルチタッチジェスチャー設定 …… 020, 023
- マンガの練習をしよう …………………… 016

め
- メインメニュー …………… 014, 016, 018, 022, 023
  - Android版 …………………………… 024
  - iPad版 ………………………………… 023
- メディバンに投稿 ……………………… 015, 030
- メディバン投稿作品 ……………………… 015
- メニュー表示機能 ………………………… 019

や
- やり直し ……………………… 019, 020, 022

ら
- ラスタライズ …………………………… 124, 141
- ラフ ……………………………………… 034, 113

れ
- レイヤー ……………………… 019, 022, 039, 068
- レイヤーメニュー …………… 019, 022, 039

ろ
- ログアウト ………………………………… 024
- ログイン …………………………………… 024

リファレンス索引

ツールバーメニュー
- ブラシツール ……………………………… 035
- 消しゴムツール …………………………… 037
- 図形描画ツール …………………………… 059
- ドットツール ……………………………… 103
- 移動ツール ………………………………… 049
- 変形ツール ………………………………… 047
- 塗りつぶしツール ………………………… 061
- バケツツール ……………………………… 072
- グラデーションツール …………………… 087
- 選択ツール ………………………………… 043
- 自動選択ツール …………………………… 044
- 選択ペンツール …………………………… 044
- 選択消しゴムツール ……………………… 045
- コマ割りツール …………………………… 121
- 操作ツール ………………………………… 121
- テキストツール …………………………… 127

キャンバス操作メニュー
- 選択範囲メニュー ………………………… 055
- 編集メニュー ……………………………… 066
- 表示メニュー ……………………………… 045
- 定規メニュー ……………………………… 048
- 筆圧感知設定 ……………………………… 025

その他のメニュー
- カラーメニュー …………………………… 071
- メニュー表示機能 ………………………… 019
- レイヤーメニュー ………………………… 039
- 素材メニュー ……………………………… 137
- HSVバー …………………………………… 071
- 太さ調整メニュー ………………………… 037
- 不透明度メニュー ………………………… 037
- 手のひらツール …………………………… 020
- スポイトツール …………………………… 071
- 取り消し …………………………………… 020
- やり直し …………………………………… 020

著者紹介

シュウ・ナツオカ

テクニカル・ライター / ITコンサルタント。ITトレンド、ITガジェット、アプリケーション等の分野を中心に原稿を執筆。とくに電子出版には造詣が深く、原稿執筆のほかコンテンツの企画、編集、オーサリングから企業向けの導入コンサルティングまで、幅広い業務を行っている。著書に『MediBang Paint公式ガイドブック』（玄光社）がある。
shu.natsuoka@epublishing-lab.com

監修者紹介

株式会社 MediBang（メディバン）

2014年1月設立。「インターネット時代の、新たなメディア・プラットフォーム」を標榜し、同年6月にマンガ、イラスト、ノベルの総合プラットフォーム「MediBang!」のサービスを開始。11月にはペイントツール「クラウドアルパカ（現「メディバンペイント プロ」）」をリリース。2018年10月現在、同ソフトのダウンロード数は2,500万を突破した。
https://medibang.com

イラストレーション	モレシャン
マンガ	唐牧 輝
企画協力	デジタルハリウッド大学 徳永修研究室
編集協力	株式会社 POWER NEWS ＋ 滝口雅志
DTP制作	株式会社 POWER NEWS ＋ 有限会社 日新写真植字所
イラストレーション制作協力	株式会社 工画堂スタジオ
アートディレクション / デザイン	野崎二郎（スタジオギブ）

MediBang Paint
公式ガイドブック タブレット編

2018年11月25日 初版第1刷発行

著者	シュウ・ナツオカ
監修	株式会社MediBang
発行人	村上 徹
編集	佐藤 英一
発行	株式会社ボーンデジタル
	〒102-0074
	東京都千代田区九段南1丁目5番5号 九段サウスサイドスクエア
	Tel：03-5215-8671　Fax：03-5215-8667
	http://www.borndigital.co.jp/book/
	E-mail：info@borndigital.co.jp

印刷・製本　シナノ書籍印刷株式会社

ISBN978-4-86246-417-0
Printed in Japan

Copyright © 2018 Shu Natsuoka、Morechand、Teru Karamaki / INOUE ART All rights reserved.

価格はカバーに記載されています。乱丁、落丁等がある場合はお取り替えいたします。
本書の内容を無断で転記、転載、複製することを禁じます。